区域创新生态系统四螺旋协同演化关系及动力研究

代冬芳◎著

吉林出版集团股份有限公司
全国百佳图书出版单位

图书在版编目（CIP）数据

区域创新生态系统四螺旋协同演化关系及动力研究 /
代冬芳著 . -- 长春 : 吉林出版集团股份有限公司，
2022.11
　　ISBN 978-7-5731-2759-4

　　Ⅰ.①区… Ⅱ.①代… Ⅲ.①区域经济 – 国家创新系
统 – 研究 Ⅳ.① F061.5 ② G322.0

中国版本图书馆 CIP 数据核字 (2022) 第 220963 号

区域创新生态系统四螺旋协同演化关系及动力研究
QUYU CHUANGXIN SHENGTAI XITONG SI LUOXUAN XIETONG YANHUA GUANXI JI DONGLI YANJIU

著　者	代冬芳
责任编辑	祖　航
封面设计	李　伟
开　本	710mm×1000mm　　1/16
字　数	125 千
印　张	9.25
版　次	2024 年 1 月第 1 版
印　次	2024 年 1 月第 1 次印刷
印　刷	天津和萱印刷有限公司

出　版	吉林出版集团股份有限公司
发　行	吉林出版集团股份有限公司
地　址	吉林省长春市福祉大路 5788 号
邮　编	130000
电　话	0431-81629968
邮　箱	11915286@qq.com
书　号	ISBN 978-7-5731-2759-4
定　价	56.00 元

版权所有　翻印必究

作者简介

代冬芳 女，河北省唐山市迁安市人，唐山学院电子商务学院副教授，研究方向为区域创新。

河北省人力资源和社会保障课题"河北省人力资源服务产业园发展现状及优化路径研究"研究成果，课题编号：JRS-2022-3281。

前　言

在 2021 年 3 月发布的"十四五"规划和 2035 年远景目标纲要中,创新成为重要议题之一。从区域创新角度看,由于区域环境的单一性,区域创新系统演化到达一定阶段后,传统的以区域为边界的创新生态系统难以实现国内、国际资源共享以及国内、国际市场对接。因此在开放经济视角下了解区域创新生态系统四螺旋协同关系及动力机制,有助于实现国内、国际资源共享,推进国内、国际市场"双循环",提升区域创新生态系统演化效率,助推经济高质量发展。本文主要从以下几方面展开研究:

第一,构建了区域创新生态系统四螺旋演化的理论框架,界定了第四螺旋即国外创新组织的内涵,形成了四螺旋模型 UIGF。从要素关系维度即协同演化关系、系统动力维度(动力驱动机制)两个方面阐明了系统演化。

第二,对四螺旋之间多层次协同演化关系进行理论与实证研究。在演化过程中,资金、人才、知识、技术等多元能量在四螺旋间横向流动,形成纵向政策链、知识链、技术链、产品链,这种纵横交错网络构成了四螺旋间协同关系。选取耦合协调度方法进行实证分析。实证分析结果表明,从二维协同关系来看,U、I、G 三螺旋与 F 之间的协同关系已经建立,其中 UF 协同程度较高,仅次于 UG 和 UI,从三维来看,UIG、UGF 协同程度较高,从 UIGF 四维协同关系来看,广东、江苏、北京、上海、浙江、山东、湖北都处在协调状态,表明国外创新组织已逐步与其他螺旋间建立协同演化关系。

第三,基于哈肯模型对演化动力进行理论及实证研究。构建四轮驱动机制包含市场需求拉动力(MP)、科学技术推动力(TP)、政府支持动力(GP)及国际合作动力（FP），基于哈肯模型进行演化动力序参量假设及运动方程设定。在实证分析中根据演化动态性及非线性，选取2013—2019年动态面板数据，运用GMM方法进行序参量的验证，最终识别序参量MP。结果表明，MP、TP、GP、FP共同为系统提供演化动力，其中以MP为主驱动力，四者相互作用实现动态平衡。

目 录

1 绪论 ··· 1
  1.1 选题背景与意义 ·· 1
    1.1.1 选题背景 ··· 1
    1.1.2 研究意义 ··· 2
  1.2 研究思路及内容安排 ·· 5
    1.2.1 研究思路 ··· 5
    1.2.2 内容安排 ··· 6
  1.3 研究方法及技术路线 ·· 7
    1.3.1 研究方法 ··· 7
    1.3.2 技术路线 ··· 8
  1.4 主要创新点 ··· 8

2 文献综述 ·· 11
  2.1 开放区域创新研究趋势及热点 ·· 11
    2.1.1 开放区域创新的研究趋势 ··· 11
    2.1.2 开放区域创新研究热点 ·· 14
  2.2 开放区域创新系统概念及结构 ·· 22
    2.2.1 开放区域创新系统概念 ·· 22
    2.2.2 开放式区域创新系统结构 ··· 23
    2.2.3 开放经济融入区域创新系统的方式 ·· 24

2.3 三螺旋理论及四螺旋拓展研究 25
2.3.1 三螺旋理论提出 25
2.3.2 四螺旋理论拓展 27
2.4 文献评述 28
2.4.1 研究现状 28
2.4.2 研究中的不足 29
2.4.3 研究启示 30

3 四螺旋模型及演化理论框架构建 35
3.1 第四螺旋概念界定及四螺旋模型构建 35
3.1.1 第四螺旋国外创新组织概念界定 35
3.1.2 第四螺旋的融入动因及路径 37
3.1.3 第四螺旋融入区域创新生态系统的初步验证 41
3.1.4 基于中车集团案例四螺旋（UIGF）模型分析 44
3.1.5 四螺旋（UIGF）模型组织构成及构建 48
3.2 理论框架构建 53
3.2.1 区域创新生态系统四螺旋演化概念 53
3.2.2 区域创新生态系统四螺旋演化特征 55
3.2.3 区域创新生态系统四螺旋协同演化路径 57
3.3 本章小结 64

4 四螺旋协同演化关系构建及实证研究 67
4.1 协同演化关系模型构建 67
4.1.1 协同及协同演化相关理论基础 67
4.1.2 四螺旋职能及协同演化关系 70
4.1.3 多层次协同演化关系模型及指标体系构建 80
4.2 四螺旋协同演化关系实证分析 84
4.2.1 运用熵权法进行四螺旋有序度评价 84
4.2.2 耦合协调度方法的选取 86

  4.2.3 四螺旋子系统有序度评价 ········· 89
  4.2.4 UIGF 四螺旋耦合协调关系结果分析 ········· 93
 4.3 本章小结 ········· 96

5 演化动力模型构建及实证研究 ········· 99
 5.1 演化动力模型构建 ········· 99
  5.1.1 演化动力相关理论基础 ········· 99
  5.1.2 区域创新生态系统四螺旋演化四轮驱动力 ········· 103
  5.1.3 基于哈肯模型演化动力模型构建 ········· 107
  5.1.4 演化动力模型指标体系构建 ········· 112
 5.2 演化动力实证分析 ········· 114
  5.2.1 单位根（ADF）检验 ········· 114
  5.2.2 协整检验 ········· 115
  5.2.3 演化动力序参量验证识别 ········· 117
 5.3 本章小结 ········· 121

6 结论及展望 ········· 123
 6.1 研究结论 ········· 123
  6.1.1 四螺旋间协同演化关系 ········· 123
  6.1.2 区域创新生态系统四螺旋演化动力识别结论 ········· 123
 6.2 理论贡献及实践启示 ········· 124
  6.2.1 理论贡献 ········· 124
  6.2.2 实践启示 ········· 125
 6.3 局限性及展望 ········· 128

参考文献 ········· 129

1 绪论

1.1 选题背景与意义

1.1.1 选题背景

2020 年的政府工作报告指出"非常时期,中国将携手各国以发展实效推动经济全球化朝着更加开放、包容、普惠、平衡、共赢的方向发展"。这表明开放经济对区域创新的影响势必更加深远。因此,研究开放经济视角下区域创新生态系统的演化具有重要意义[1]。

创新政策的出台,让创新进一步成为经济发展的重要议题。创新是知识经济时代经济发展的重要引擎,人类社会走到 21 世纪已进入了知识经济时代,创新能力对国家和地区的竞争力的影响不言而喻,我国对创新的重视程度也不断增强。如图 1.1 所示,近年来我国持续出台创新政策,2006 年出台《国家中长期科学和技术发展规划纲要(2006—2020 年)》及其配套政策,2007 年的十七大提出建设"创新型国家",2012 年提出创新驱动发展战略,2014 年提出要把"大众创新,万众创业"作为实现经济提质增效升级的"双引擎"之一,2015 年提出"互联网+"战略以及"中国制造 2025"战略[2]。在我国经济进入新常态背景下,创新在转方式、调结构中的作用更加突出,已成为新时期实现我国经济持续健康发展的重要动力。2018 年又出台了《关于推动创新创业高质量发展打造"双创"升级版的意见》。2020 年在我国"十四五"规划中,提出坚持创新驱动发展,全面塑造发展新优势。强化国家战略科技力量,提升企业技术创新能力,激发人才创新活力,完善科技创新体制机制[3]。从"科技是第一生产力"的提出到"十四五"规划战略布局中对科技创新的重要部署,创新不仅是经济发展的永恒议题,而且是越来越重要的议题。

1978	1993	1995	2006	2012	2014	2015	2018	2021
科学技术是第一生产力	中华人民共和国科学技术进步法	科教兴国战略	建设创新型国家国家中长期科学和技术发展规划纲要	创新驱动发展战略	大众创新万众创业	"互联网+"中国制造2025	"双创"升级版	创新驱动

图 1.1 我国创新政策的出台情况时间变化图

经济转型需要区域创新支撑，开放创新模式助推摆脱资源束缚。从长远来看，区域创新能力的提高是促进区域经济发展的核心推动力量，而如何提升区域创新能力，正是当前区域经济发展亟待解决的问题。

在我国经济发展过程中，科技进步对经济增长的贡献率是逐年攀升的，科技进步贡献率在2002年到2019年呈现稳中有升的趋势，2002—2007年科技进步贡献率46%，2014—2019年的科技进步贡献率达到59.5%。这也表明，科技进步对于经济增长具有重要作用。科技支撑是区域经济转型升级、实现可持续增长的一剂良方，通过科技创新推动，可以更好地实现区域经济转型升级，实现经济的高质量发展。特别是随着环境及资源制约越来越明显，区域经济的增长要避免对资源投入的路径依赖问题，就必须改变现有模式，提升创新效率。开放创新模式有利于实现内外资源共享，摆脱资源束缚，解决路径依赖问题。不仅如此，国内、国际"双循环"[4]的提出也给开放创新带来新的契机。

区域创新与全球经济关系日趋密切，国际协作关系逐步建立。随着经济全球化的深入发展，我国在积极融入全球化的同时提出了"一带一路"倡议[5]，与其他国家的关系越来越密切，各地方政府通过商品和服务进出口以及投资等活动，开展国际合作日益增多，对区域创新产生巨大的影响。技术进步除了可以通过研究和开发实现，还可以通过从国外引进、与国外合作等途径而获得。进出口总额、FDI都对区域创新有着很大的影响，在开放经济视角下对于区域创新生态系统演化进行研究具有重要意义。随着开放经济与区域创新生态系统之间的关系越来越紧密，开放经济已逐渐嵌入区域创新生态系统的演化过程中，国际协作关系越来越稳定，区域创新生态系统已逐渐由三螺旋拓展为四螺旋。

1.1.2 研究意义

开放经济的引入，构建了包含国外创新组织的四螺旋主体、国内外资源与市场的开放系统。在实践中，通过国际、国内资源互补可以降低区域创新成本；通过区域边界的开放，可以改善区域内的创新环境；通过协同演化关系的构建可以使区域内四螺旋主体在演化过程中产生协同效应；通过国外创新组织的加入，可以增强演化动力，提升演化效率。本文旨在在开放经济的视角下提升区域创新生态系统的演化效率，推动区域创新水平。其理论意义和现实意义具体阐述如下：

1.1.2.1 理论意义

区域创新生态系统兼具区域创新系统的功能和要素，同时又将生态系统引入创新体系中。但比较而言，区域创新生态系统理论依然有其地域的局限性，创新要素的流动速度与效率受到制约。在此基础上，伯克利大学教授亨利·切斯布朗（Henry Chesbrough）于2004年提出开放式创新(Open innovation)理论[6]。该理论被证明有助于提高创新资源配置效率，降低交易成本，逐渐被企业采纳，并成为未来发展趋势。本文将区域创新生态系统理论及开放创新理论相融合，并进行聚焦，以开放经济视角下区域创新生态系统为研究对象，通过引入国外创新组织，构建四螺旋模型，为区域创新生态系统演化问题提供新的研究视角，进一步丰富区域创新系统演化的相关理论。

区域边界逐渐被打破，境外的创新组织与区域创新生态系统合作深度不断推进，合作层次也逐渐拓宽。而之前的研究维度较单一，只考虑贸易、FDI等因素的溢出效应，或只集中在研发合作层，缺乏多层次的系统研究。本文通过利益相关者国外创新组织的引入，构建四螺旋模型，为开放经济嵌入区域创新生态系统问题的研究提供新的研究思路。并在此基础上构建四螺旋间协同演化，厘清四螺旋主体之间的多层次协作关系，进一步完善了区域创新生态系统关系网络构建的相关理论。

一个复杂系统演化动力的强弱决定其演进的速度和方向，在封闭条件下研究区域创新生态系统，难以全面地将演化动力纳入研究中。同时区域创新生态系统的演化从最初的线性关系到现在的非线性转化，线性演化方程的设定已经不能满足其要求。本文基于哈肯模型构建了区域创新生态系统演化四轮驱动动力模型，体现了开放性、非线性的演化特征，明晰了系统演化的序参量，进一步丰富了区域创新生态系统演化动力的相关理论。

1.1.2.2 现实意义

以区域为边界的创新生态系统已经不能满足"双循环"理念所倡导的对接国际市场，利用国内、国际资源[7]。在开放经济的视角下考虑区域创新生态系统，有利于拓展区域边界，推进其延伸和演化，改善创新环境，提升企业创新水平，对接国内、国际市场，实现供给侧的结构性改革。科学技术创新推动产业链优化，打造智能供应链，推进数字经济的发展。进一步推进国内、国际"双循环"，实现经济的高质量发展。

开放经济视角的选取，有利于实现外部资源、技术、市场拓展。首先，我国各区域间经济发展不平衡，要使落后地区由跟跑转向并进离不开科技创新资源的优化配置。通过四螺旋模型的构建，建立四螺旋间的互动合作机制，使企业能够像利用内部创意、知识、技术一样去使用国际创新资源，促进与国际资源的交换，实现资源的共享、互补，有利于提升创新效率。其次，研发领域的国际合作是区域创新链条中重要的一环，内外知识技术共享有利于促进创新知识整合，缩短研发周期，降低创新成本，实现创新水平的提升。最后，通过外部市场的拓展，提升了区域技术创新水平，增强区域内企业国际竞争力，实现创新利润。对提升创新效率具有重要的现实意义。

多层次协同演化关系的构建，有利于各区域明晰创新主体间复杂的网络关系，改善创新主体关系，产生协同效应。在经济全球化日益发展、跨国公司飞速发展时期，区域创新系统早已嵌入全球经济网络中，国际研发机构、跨国公司等组织逐渐进入区域创新生态系统中，成为区域创新生态系统的重要主体。通过四螺旋创新主体间的协同效应，有利于实现知识整合、技术溢出以及集聚效应，促进提升区域创新能力；协同演化四螺旋主体间交互作用，有利于消除区域边界带来的障碍，提升经济效益。

四轮驱动力的构建，能更好地融入和推动区域合作，打造合作平台，增加互动学习机会，为区域创新生态系统的良性演化增强动力支持。国际研发机构、跨国公司等组织与区域创新生态系统合作日趋紧密，国际合作动力成为区域创新生态系统演化的重要动力之一，增强了演化动能，提升综合效益，对区域经济的可持续发展具有实践意义。

1.2 研究思路及内容安排

1.2.1 研究思路

基于理论演进和现实情况，本文选取开放经济为研究视角，对区域创新生态系统演化进行研究。从整体上看本文的研究思路遵循了文献研究到理论框架构建，再到对协同演化关系、演化动力分别进行理论和实证分析的逻辑。

首先，相关文献研究。通过文献广泛阅读，将区域创新生态系统演化、开放式区域创新、三螺旋理论相关文献作为重点进行梳理。通过对文献的收集分析，基于从三螺旋到四螺旋模式的演进，以及国家层次开放式创新中将国外研发组织作为第四螺旋带来的启示，初步萌发了开放性视角下将三螺旋拓展为第四螺旋的构想。

其次，四螺旋模型构建及演化理论框架构建。从现实情况来看，随着经济全球化的推进，国外的企业、高校、研发机构等组织已逐渐融入区域创新生态系统演化进程中。开放式的区域创新生态系统已经成为学者们关注的热点之一，已有学者对国家层的国际创新合作进行研究。源于文献及现实情况对第四螺旋即国外创新组织这一概念进行界定，并构建区域创新生态系统四螺旋模型，之后阐明了区域创新生态系统四螺旋演化概念模型。根据概念模型及演化的本质，从时间维度、要素关系维度及演化动力维度构建研究的理论框架，包含区域创新生态系统协同演化关系、演化动力。

最后，对协同演化关系、演化动力进行理论模型构建和实证分析。基于构建的理论模型，选取合适的方法进行实证研究。对于协同演化关系、演化动力的研究遵循了从理论基础到模型构建再到实证分析的研究思路。

本文在研究中有两个难点及重点需要解决：一是开放性、生态性、动态演化性在研究设计中如何体现；二是开放经济视角如何实现从理论构想到模型构建，再到实证分析。因此在技术路线的设计中进行了认真的思考，并将其体现在本文研究中。具体阐述如下：

区域创新生态系统的开放性、生态性以及动态演化性在研究思路中的体现与诠释。第一，开放性。第四螺旋，即国外创新组织的加入体现了开放性，其中协同演化体现在国外创新组织与其他螺旋间不同维度协同关系的构建；演化动力分析时加入了国际合作动力（FP），并基于哈肯模型构建动力驱动机制理论模型。第二，生态性。与自然生态系统的类比，构建区域创新生态系统四螺旋演化概念模型，并建立协同关系，体现了生态性。其中对四螺旋主体之间不同维度（包含二维、三维、四维）协同演化关系的分析，体现了自然系统中生物与生物之间，生物与环境之间和谐共生的关系。第三，动态演化性。时间维度的加入体现了区域创新生态系统的动态演化性，其中协同演化关系分析时加入不同时间节点对比以及空间分布情况，从时间和空间维度对协同演化关系进行时空演化特征分析。演化动力的实证分析选取了动态面板数据展开研究。

研究思路体现了"开放经济视角"从理论萌发到具化的过程。上面已经就开放性在研究中的体现进行了简述，下面主要阐明开放经济视角从构想到实践的技术路线：

第一阶段是视角选取。基于经济全球化背景下跨（区域）边界不同组织的互动及开放式区域创新理论的演进选取了开放经济视角。第二阶段是理念构想。通过文献综述，萌发区域创新生态系统四螺旋拓展的构想。第三阶段是理论构建。在理论框架构建中，对第四螺旋国外创新组织概念进行界定，并基于理论发展及现实发展构建四螺旋模型，实现第四螺旋构想的理论化。第四阶段是开放经济思想的具体实现过程。是开放经济思想（四螺旋构想）在演化分析中的实践，体现在协同演化关系、演化动力的理论与实证分析中。基于 UIGF 四螺旋模型及四螺旋间多维关系进行协同演化关系构建，演化动力中加入国际合作动力（FP）形成四轮驱动动力机制，契合"开放"这一理念。同时，基于赫尔曼·哈肯的哈肯模型构建区域创新生态系统四螺旋演化动力理论模型，进行演化序参量的假设及运动方程设定，在进行序参量的验证过程中，进一步明晰四螺旋模型的可行性和国际合作动力对区域创新生态系统演化的作用。

1.2.2 内容安排

基于区域创新生态系统演化问题的研究思路，为了解决研究中的重点问题，本研究内容共分为六章，具体如下：

第一章，绪论。阐述了本文研究的理论意义和现实意义，介绍了本文的主要研究内容、研究方法以及研究思路。

第二章，文献综述。主要归纳总结区域创新生态系统及区域创新生态系统演化的研究现状，对开放创新理论的演进及三螺旋理论相关文献进行综述。

第三章，四螺旋模型及演化理论框架构建。对第四螺旋国外创新组织这一概念进行界定，并构建开放经济对区域创新生态系统四螺旋模型。之后，构建开放经济下区域创新生态协同及演化相关理论模型。最后，构建研究理论框架，包含协同演化关系以及演化动力。

第四章，四螺旋协同演化关系构建及实证研究。是对区域创新生态系统四螺旋结构关系的分析，基于UIGF的不同职能及与协同演化关系网络构建协同演化关系模型，并构建指标体系。实证分析阶段，根据前期构建的理论模型收集数据、整理数据，并进行二维、三维、四维实证研究。在这里选取了耦合协调度方法分析四螺旋协同关系。

第五章，演化动力模型构建及实证研究。基于WOS进行演化动力的信息挖掘，根据整理结果及四螺旋模型构建四轮驱动演化动力。运用哈肯模型进行演化动力序参量假设和运动方程设定，构建演化动力理论模型，选用了面板数据进行分析。实证分析中选取2013—2019年各个地区关于四动力的观测数据，建立动态面板数据，采用GMM方法验证序参量假设，对势函数求解，并进行势函数曲线拟合。

第六章研究结论及展望。总结本文的研究结论，阐明理论贡献及实践启示，并指出本研究的不足之处及未来进一步研究的展望。

1.3　研究方法及技术路线

1.3.1　研究方法

鉴于本文的研究内容，本研究采取的研究方法主要包括熵权法、耦合协调度方法、哈肯模型及广义矩估计方法。

1.3.1.1 熵权法

本文基于信息熵理论，运用熵权法对区域创新生态系统四螺旋有序度进行综合评价。熵权法在实现对系统有序度的评价时具有客观性的优势。运用熵权法对UIGF四个子螺旋系统进行有序度综合评价。所以本文选用熵权法进行四螺旋有序度的评价。

1.3.1.2 耦合协调度方法

运用耦合协调度方法对区域创新生态系统四螺旋间二维、三维及四维协同关系进行测度。通过耦合协调度衡量四螺旋之间不同维度协同关系并进行协调等级划分，同时运用耦合协调度对四螺旋与创新环境之间的协同演化关系进行分析。

1.3.1.3 哈肯模型及广义矩估计（GMM）方法

由于运动方程具有动态性及非线性的特征，本文运用哈肯模型对区域创新生态系统四螺旋演化动力序参量及运动方程进行设定。选取动态面板数据，采用广义矩估计（GMM）方法进行序参量的判定及运动方程的验证。之前基于哈肯模型进行实证分析文献中，选取单边量指标较多，但分析发现四轮动力都涵盖了不同层次，如FP既包含资源互补，也包含市场拓展、研发合作等多个维度，因此尝试构建了单变量指标和综合变量指标两种方法来进行验证分析。

1.3.2 技术路线

基于协同理论及协同演化理论对协同演化关系进行分析，运用熵权法及耦合协调度法对协同演化关系机制进行实证分析；基于耗散结构理论及序参量原理对演化动力进行理论分析，运用哈肯模型进行序参量及运动方程设定，运用GMM方法进行演化动力序参量识别及运动方程验证。区域创新生态系统四螺旋演化问题研究。

1.4 主要创新点

本文从区域创新生态系统演化问题出发，基于协同理论以及自组织理论，从开放经济视角提出了"区域创新生态系统四螺旋协同演化"研究问题。

在开放经济视角下，选取国外创新组织为第四螺旋，将三螺旋模型拓展为四螺旋模型，为四螺旋模型构建及开放创新模式研究提供了新的思路。

对开放创新进行理论脉络的梳理发现，开放式创新经历了开放式企业创新、开放式国家创新到开放式区域创新，开放式区域创新理论尚处于发展阶段，有待进一步完善。开放式区域创新模式突破了传统的区域边界和企业边界，是当前研究的热点。而区域创新生态系统体现了区域创新理论发展范式的演进方向。基于本文把开放式区域创新和区域创新系统二者相融合，将开放式区域创新生态系统问题作为研究的重点。

随着经济全球化的发展，国外的企业、高校、科研院所已经与区域创新生态系统展开多样、深度的互动合作，国外创新组织逐渐完成了从外层的影响因素转变为协同完成演化进程的重要参与者，但是相关的理论研究稍显不足，因此本文借鉴埃茨科瓦茨（Etzkowitz）和雷德斯多夫（Leydesdof）的三螺旋模型，依据开放创新理念将国外创新组织涵盖的范围进行拓展，作为区域创新生态系统第四螺旋，构建四螺旋模型，从理论层面上阐明了区域创新生态系统四螺旋协同演化问题。

从要素协同演化关系、系统驱动力不同维度对区域创新生态系统四螺旋演化展开研究，丰富了区域创新生态系统演化的相关理论。

将开放经济理念融入整个研究中，实现了第四螺旋从理念构想到理论模型构建，再到演化分析中的实践。其中协同演化关系构建时涵盖了 UIGF 四螺旋不同维度协同关系，演化动力中加入国际合作动力（FP）形成四轮驱动动力机制。

基于区域创新生态系统演化的过程，构建区域创新生态系统四螺旋演化理论框架，从要素关系维度（四螺旋协同演化关系）、系统动力维度（演化动力）进行理论模型的构建，完善了区域创新生态系统演化研究框架，丰富了区域创新生态系统演化理论研究体系。

基于哈肯模型构建区域创新生态系统四螺旋演化动力机制四轮驱动模型并进行验证，拓展了区域创新生态系统四螺旋演化动力相关理论并完善了验证方法。

基于演化过程的非线性、动态性及开放性等特征，运用哈肯模型构建区域创新生态系统四螺旋演化动力机制理论模型并进行验证。四螺旋演化动力理论模型构建在两个方面进行了理论拓展。第一，基于 WOS 对演化动力进行数据挖掘的结果以及系统的开放性将传统的三动力进行了拓展，加入国际合作动力，构建包含市场需求拉动力（MP）、科学技术推动力（TP）、政府支持动力（GP）及国际合作动力（FP）四轮驱动力模型，增强了理论模型的科学性和适用性。第二，基于哈肯模型构建演化动力理论模型，进行演化序参量及运动方程设定，考虑了复杂系统演化的非线性以及四螺旋主体之间的协同关系，理论模型构建更加贴合复杂系统演化实际情况。

　　根据构建的运动方程，进行序参量验证，在指标体系构建中，构建的国际合作动力契合"开放"这一理念。根据演化动态性及非线性，选取动态面板数据，运用GMM方法进行序参量的识别，并对势函数进行求解并拟合。为演化验证方法的完善提供了新思路。

2 文献综述

2.1 开放区域创新研究趋势及热点

2.1.1 开放区域创新的研究趋势

在对区域创新生态系统的研究中已经发现,最新的文献中有很大一部分与开放创新有关,其中2020年和2021年的文献中提出了跨区域创新生态系统这一概念。因此又在WOS网站以"Open regional innovation system"为标题进行搜索,其中时间跨度选取1900—2020年,数据库包含了"SCI-EXPANDED""SSCI""A&HCI""CPCI-S""CPCI-SSH""ESCI""CCR-EXPANDED""IC",共搜索到文献资料10篇。因此又扩大了搜索范围,选取关键词"Open innovation system"为标题进行检索,共搜索到文献90篇。对这些文献进行了初步的分析,这些文献的93%以上都集中在2007年以后,说明开放区域创新系统这一概念的提出相对较晚,为了发现这90篇文献中较重要的文献,运用hiscite进行了分析,分析结果如表2.1所示,通过GLS来看,引用频次排名靠前的文献编号为21、69、25、8。将这些文献作为综述重点来分析。

表2.1 开放创新系统引用频次排名前三十位文献

序号	编号	作者	LCS	GCS
1	1	Al-Rahmi WM, INTERACT LEARN ENVIR	0	11
2	2	Vignieri V, SYST RES BEHAV SCI	0	0
3	3	[Anonymous], 1967, FOOD ENG, V39, P86	0	0
4	4	YOUNG R L, 1981, SOCIOL SOC RES, V65, P177	0	13
5	5	ANDERSON S, 1988, ARCHITECTURE-AIA J, V77, P119	0	0
6	6	Udall N, 1998, MANAGING NEW PRODUCT INNOVATI, P204	0	1

(续表)

序号	编号	作者	LCS	GCS
7	7	Fan P F, 2001, PROCEEDINGS OF THE 2001 INTER, P1410	0	0
8	8	Kaiser R, 2004, J EUR PUBLIC POLICY, V11, P249	0	52
9	9	Michaelides R, 2007, 6TH IEEE/ACIS INTERNATIONAL C, P769	0	3
10	10	Snyman D, 2007, ADV GLOB MANAGE DEV, V16, P774	0	0
11	11	Santonen T, 2008, IMSCI '08: 2ND INTERNATIONAL , P126	0	0
12	12	Elbanna A, 2008, INT FED INFO PROC, V287, P423	0	1
13.	13	Yang C H, 2009, PROCEEDINGS OF PICMET 09 - TE, P177	0	0
14	14	Fan J M, 2010, UNDERST COMPLEX SYST, P481	0	0
15	15	Conboy K, 2010, AGILE SOFTWARE DEVELOPMENT: C, P223	0	10
16	16	Clifton J, 2010, CONVERGENOMICS: STRATEGIC INN, P125	0	0
17.	17	Hamalainen M, 2010, LECT NOTES BUS INF P, V52, P19	0	0
18	18	Jaspers F, 2010, INT J TECHNOL MANAGE, V52, P275	0	11
19	19	Jin J, 2010, PICMET 2010: TECHNOLOGY MANAG	0	0
20.	20	Vadovics E, 2010, SYST INNOV SUS, V3, P119	0	2
21	21	Belussi F, 2010, RES POLICY, V39, P710	3	118
22	22	Ke X, 2012, PROCEEDING OF 2012 INTERNATIO, P334	0	0
23	23	Westerski A, 2012, COLLABORATECOM, P289	0	4
24	24	Battistella C, 2012, INFORM RES, V17	0	21
25	25	Wang Y, 2012, TECHNOL FORECAST SOC, V79, P419	3	60
26.	26	Chaston I, 2012, AUST J ADULT LEARN, V52, P153	0	4
27	27	Fu W Y, 2012, J ECON SURV, V26, P534	0	16
28	28	Arnold M, 2012, ENERG EFFIC, V5, P351	0	17
29	67	Zhou R, 2018, INT J ENTERP INF SYS, V14, P78	1	1
30	69	Santoro G, 2018, TECHNOL FORECAST SOC, V136, P347	2	112

资料来源：hiscite 导出整理，LCS，top 30，Min: 0，Max: 3 (LCS scaled)

为了探寻开放创新的研究趋势，以标题"Open innovation system"进行检索，共得到检索结果 88 条。对得到的 88 条记录进行了初步分析发现，1968 年最早的一篇是关于多功能的包装系统的文章，和开放创新关系不大。这 88 篇文献中以国家创新体系的研究居多。以"Open innovation"为标题进行检索，检索到的结果为 2258，结果显示 1968—2006 年提出的研究为偶发事件，并没有形成一个热点问题，每年论文发表数量保持在 5 篇左右，2007 年以后开始有了一定幅度的增长，并呈现持续增加趋势，在 2010 出现了相对较高的峰值，数量 50 篇。2020 年发表了 59 篇。这一结果也表明开放式创新问题逐渐被学者们所重视，越来越成为大家的一个研究热点。但起步相对较晚，说明理论并不完善，还处于一个有挖掘潜力的状态。

Udall，N（1998）发表了《量子创新：运用开放系统方法设计新业务》，介绍了一种新的设计业务的开放系统方法，即过程、产品和人在各个方向上相互影响。这篇文章虽然并未对开放创新系统进行规范的阐述，但也体现了一种复杂系统相互作用的思想，这个系统的开放性体现在其他人对组织的了解。2001 年，学者 Fan, P F 讨论了复杂系统的三大特征及其演化必须遵循的四大规律，阐述了耗散框架理论的基本思想，应用"熵"的概念，对耗散框架经济体制进行了论证，指出开放创新是全方位的。

选取了部分开放创新相关文献（2006—2019），运用 Citespace 对作者共被引情况进行了聚类的可视化分析，开放创新相关文献被引情况，用颜色的冷暖来代表时间的远近，得到开放创新领域重要学者及相关文献。主要学者包括 Asheim B T、Frenken K、Neffke F、Boschma R A、Bathelt H、Martin R、Gertler M S、Crevoisier O、Beaudry C 以及 Mccann P。

从中心度分析结果来看，按中心度排名第一的是 Martin R，中心度为 44。第二是 Boschma R，中心度为 44。第三类是 Bathelt H，中心度为 42。第四个是 Dawley S，中心度为 40。第五个是 Asheim B T，中心度 40。

根据结果综合考虑得到以下几篇重要文献，并对文献内容进行了简单梳理。根据引文数量排名第一的项目是 Asheim B T 的，引文数量为 33。其中 Asheim B T 基于区域创新政策开展研究。Asheim B T（2011）提出了一种基于区域优势构建思想的区域创新政策模型。模型包含知识库、政策平台等概念，并将知识从本质上分为科学基础类、工程基础类、艺术基础类。区域创新政策将多样化和差异化知识库纳入区域创新中。

其他学者多是从开放创新开展的原因和条件角度展开研究。如 Frenken K.、Van Oort F. 和 Verburg T.（2007）基于 Jacobs 外部性对多样性区域知识外溢性进行探究，方法侧重于多样性、溢出效应和区域经济增长。得出的结论为无论是理论上还是实践上从经验上看，城市化是经济增长的源泉，而多样化本身是经济增长的源泉[8]。所以外部合作的互补性、多样性有助于区域的发展。Bathelt H 等（2002）基于知识编码的漫游性及互动学习的空间性和知识创造性，提出开放创新[9]。Boschma R A（2005）则是基于邻近性在互动和绩效中的作用展开研究[10]。

2.1.2 开放区域创新研究热点

利用 Citespace 软件对开放创新前 500 个文献关键词进行聚类，寻找开放式创新的研究热点和焦点。进行关键词的聚类分析，对开放创新的关键词聚类进行了可视化处理，得到关键文献主要包含十个，提炼出的关键词包含区域适应（复原）能力、区域创新系统、区域外部联系、路径更新、区域动态知识、生态工业发展、区域创新政策、工业区及创业能力等。通过对聚类文献的分析提炼出相关主题为创新网络以及国际化途径。

根据关键词聚类结果再结合相关的文献，主要包含最强引用频次爆发（突现）对应文献。如表 2.2 所示，最强引用突现中的关键词包含专利、政策、企业职能、能量（传递）流动、动机、区域经济多样化、空间建模（小企业制造业）、区域发展、区域创新模式、技术转移、核心竞争力等。

表 2.2　开放创新相关最强引用频次爆发（突现）对应文献

References	Year	Strength
Martin R, 2003, J ECON GEOGR, V3, P5, DOI 10.1093/jeg/3.1.5,	2003	3.63
Bathelt H, 2004, PROG HUM GEOG, V28, P31, DOI 10.1191/0309132504ph469oa, DOI	2004	8.09
Todtling F, 2005, RES POLICY, V34, P1203, DOI 10.1016/j.respol.2005.01.018, DOI	2005	3.6
Asheim B T, 2005, OXFORD HDB INNOVATIO, V0, P291, DOI DOI 10.1093/OXFORD HB/9780199286805.003.0011, DOI	2005	3.44

（续表）

References	Year	Strength
Cooke P, 2004, REGIONAL INNOVATION, V0, P0	2004	3.2
Boschma R A, 2005, REG STUD, V39, P61, DOI 10.1080/0034340052000320887, DOI	2005	7.72
Wolfe D A, 2004, URBAN STUD, V41, P1071, DOI 10.1080/00420980410001675832, DOI	2004	4.19
Frenken K, 2007, REG STUD, V41, P685, DOI 10.1080/00343400601120296, DOI	2007	7.09
Martin R, 2006, J ECON GEOGR, V6, P395, DOI 10.1093/jeg/lbl012,	2006	5.15
Storper M, 2004, J ECON GEOGR, V4, P351, DOI 10.1093/jnlecg/lbh027, DOI	2004	3.83
Beaudry C, 2009, RES POLICY, V38, P318, DOI 10.1016/j.respol.2008.11.010, DOI	2009	5.33
Crescenzi R, 2007, J ECON GEOGR, V7, P673, DOI 10.1093/jeg/lbm030, DOI	2007	4.09
Rodriguez-Pose A, 2008, REG STUD, V42, P51, DOI 10.1080/00343400701654186, DOI	2008	3.85
Malmberg A, 2006, GROWTH CHANGE, V37, P1, DOI 10.1111/j.1468-2257.2006.00302.x, DOI	2006	3.09
Torre A, 2008, REG STUD, V42, P869, DOI 10.1080/00343400801922814, DOI	2008	4.01
Ter Wal A L J, 2009, ANN REGIONAL SCI, V43, P739, DOI 10.1007/s00168-008-0258-3, DOI	2009	2.8
Menzel M P, 2010, IND CORP CHANGE, V19, P205, DOI 10.1093/icc/dtp036, DOI	2010	3.39
Asheim B T, 2011, REG STUD, V45, P893, DOI 10.1080/00343404.2010.543126, DOI	2011	3.97
Rodriguez-Pose A, 2013, REG STUD, V47, P1034, DOI 10.1080/00343404.2012.748978, DOI	2013	3.63
Mccann P, 2015, REG STUD, V49, P1291, DOI 10.1080/00343404.2013.799769, DOI	2015	2.95
Neffke F, 2011, ECON GEOGR, V87, P237, DOI 10.1111/j.1944-8287.2011.01121.x, DOI	2011	5.27
Balland P A, 2015, REG STUD, V49, P907, DOI 10.1080/00343404.2014.883598, DOI	2015	3.47
Boschma R, 2015, REG STUD, V49, P733, DOI 10.1080/00343404.2014.959481, DOI	2015	3.39

将主题聚类结果进行整理如表左侧所示，最强引用突现的关键词整理如表右

侧所示，整理结果如表 2.3，找出开放创新众多文献中具有代表性的文献，进行研究热点梳理。

表 2.3 开放创新相关文献主题及关键词梳理

序号	聚类主题（LLR）	频次	主题聚类	关键词聚类	关键词
1	regional resilience	91	区域能力、适应能力（弹性）	patents	专利
2	portuguese regional innovation systems efficiency (56.91, 1.0E-4);	77	区域创新系统效率	policy	政策
3	extra-regional linkage	61	区域外联系	Institutitional entrepreneurship	企业职能
4	providing missing link	49	路径更新	Energy transition	能量（传递）流动
5	territorial knowledge dynamics	46	区域动态知识	motivation	动机
6	east asian perspective	37	东亚视角	R11	区域经济多样化
7	eco-industrial development	28	生态工业发展	sme	空间建模（小企业制造业）
8	understanding regional innovation policy dynamics (45.1, 1.0E-4);	26	区域创新政策动态	Regional development	区域发展
9	--	--	创新网络、国际化途径	Regional patters of innovation	区域创新模式
10	Industrial district	23	工业区	Technology transfer	技术转移
11	entrepreneurial quality	11	创业能力	Core competence	核心竞争力

对引用频次较高的文献以及最强引用突现（表2.2）中的相关文献进行了梳理分析，可以将文献分为几大热点领域。为了更直观地找出开放创新领域引用较高的文献对应的内容及热点，又进行了主题词及关键词聚类的可视化分析。根据聚类结果和相关文献内容，提取和开放区域创新相关文献，将开放区域研究热点总结为以下四个热点：开放创新与地理空间关系，开放创新和经济、政策、文化多样性，开放创新与协同网络，开放创新国际化途径。

2.1.2.1 开放区域创新与地理空间关系

根据图2.1和2.2所对应文献内容，将研究热点相关文献进行整理分析，总结两类观点，一是支持邻近性对创新绩效及网络产生影响，二是认为开放创新不仅仅局限于邻近性。

支持邻近性对创新绩效及网络产生影响的学者观点如下：AMIN 和 WILKINSON（1999）[11]、TORRE 和 GILLY（2000）[12]、Boschma R A（2005）[13]对邻近性在互动和绩效中的作用展开研究，邻近性通常被认为包括认知、组织和制度上的邻近性。Balland P A，Boschma R，Frenken K（2014）对地理邻近性与知识网络之间的协同进化动力学进行研究，提出知识联系由于地理邻近会随着时间的推移而增加。动态过程为学习（认知接近）、整合（组织接近）、脱钩（社会接近）、制度化（制度接近）和集聚（地理接近）[14]。

对邻近空间与开放创新关系提出质疑学者的主要观点如下：Bathelt H，Malmberg A 等(2002)研究了经济活动的空间聚集性及其与交互学习过程中知识创造的空间性的关系。对隐性知识转移仅限于局部环境提出了质疑，认为编码知识可以自由地在全球漫游[15]。Menzel M P（2008）提出通过桥接、缩短距离来关联空间距离。它将不同动力学之间的相互关系整合到邻近和距离的概念中[16]。Bertoncin, Marina（2018）比较了意大利东北部工业区 Montebelluna 与 Timisoara 的邻近结构，提出信任、面对面关系、合作态度、当地环境等因素促成了异地化的成功[17]。

2.1.2.2 开放区域创新与（产业、政策、文化）多样化关系

对于开放区域创新与多样化协作的关系，是从马歇尔的专业化理论开始的，马歇尔提出外部专业化可以提升区域绩效，也就是同一产业在区域的集聚有利于

知识溢出，促进区域创新及经济增长。雅各布斯提出以城市而不是国家为研究对象来研究经济发展。与马歇尔不同的是，雅各布斯认为多样化协作更有利于区域创新，多样化产业在区域内的集聚，会带来不同文化、不同人群的集聚和知识的溢出。Beaudry C（2009）支持雅各布斯多样性对区域创新绩效影响的理论，他认为工业和地理聚集的水平以及业绩计量、专业化和多样性指标的选择是目前需要解决的问题[18]。McCann P. 和 Acs Z.J.（2009）探讨了在现代全球化时代，国家规模、城市规模与规模经济重要性之间的关系。[19]。

制度、区域文化、金融等因素会对开放创新产生影响。如 Gertler, Meric S（2010）[20]制度对区域经济的演变具有普遍的影响。重新构建的制度经济地理学必须适应个体能动性、制度演进、尺度间关系和比较方法。通过考察最近在地方经济中大学的研究成果，以及基于创新的战略和社会包容、两极分化的研究成果，可以看出地方独特的制度结构是如何形成演化轨迹的，从而导致不同的社会和经济结果。随后阐述了制度分析的一些重要方法论和理论建构原则。McCann P（2015）[21]探索区域文化背景对创业行为产生影响，区域文化背景是影响创业行为的重要因素。不同的文化维度对创业的影响不同，不同的创业阶段对创业的影响也不同。José Corpataux, Crevoisier O.（2005）[22]主要从空间角度（通过对比金融中心与其他地区的演变）和部门角度（通过区分金融和工业活动）来探讨金融和区域中工业发展之间的关系问题。一个或多个国际金融机构的存在与工业区的兴衰有关，其中货币主义类型的货币政策，包括货币在外部市场上浮动、金融市场自由化的政策等。国际金融中心的发展和工业区的衰落是并行的。

2.1.2.3 开放区域创新与协同网络关系

随着知识的创造、传播和利用，工业从生产和治理的边缘走向中心，产品在这个过程中的创新概念本身正在发生转变。在知识经济发展进程中，大学——产业——政府互动网络成为创新的关键。Etzkowitz H（1997）[23]提出三螺旋理论，三重螺旋交叉网络区域产生了混合型组织，如大学、公司和企业的技术转让机构，以及政府研究实验室、商业和金融支持机构，为世界各地日益发展的新技术提供支持。"三重螺旋"描述了新的创新网络模式。Thomson（2013）提出区域产业集群动态网络是区域产业集群成功的要素之一，促进当地组织间创新网络的形成，成为知识和创新的渠道。Leppälä, Samuli（2019）认为当地产业结构对创新和产出的影响，提出了一个具有行业内和行业间 R&D 溢出的模型，研究有效研发和工业总产出的变化[24]。

2.1.2.4 开放区域创新与全球经济关系

对于全球经济与开放区域创新，一些学者提出开放创新可以避免路径"锁定"。近年来，一些经济学家不断援引"路径依赖"和"锁定"概念进行区域经济的演化，一个区域如何摆脱"路径依赖"而带来的经济停滞问题，开放创新无疑能促进一个区域走出"路径依赖"，从而带来区域发展的活力。代表性学者 Martin R 等（2006）[19]认为在许多重要方面，路径依赖和锁定是位置依赖的过程，因此需要地理解释。一些区域经济体被锁定在失去活力的发展道路上，而其他区域经济体似乎能够避免这种危险，实际上能够自我"改造"。一些学者提出开放创新能让全球经济恢复竞争力。如 Tdtling F，Isaksen A，Trippl M（2018）提出区域、集群与全球经济是在全球经济相互依存中强劲增长的[25]。

对于开放创新嵌入全球经济网络的途径，主要包含跨国公司、FDI、供应商及客户交流集会以及联合研发补贴等。McCann P. 和 Acs Z J（2010）研究了在全球化时代，国家经济、城市规模和跨国公司之间的关系[26]。Asheim B T（2011）提出开放式创新作为一种企业获利的新模式。企业嵌入社会经济的空间结构关系中[27]。Maskell, Peter, Bathelt, et al.（2004）提出国际贸易博览会和其他专业集会促进了知识创造的过程[28]。Broekel, Tom（2017）研究发现研发补贴作为公共 R&D 政策的重要工具，对联合研究与开发有显著影响，合作研发补贴在嵌入跨区域知识网络的中心位置时，会影响区域的创新增长[29]。

基于知识的全球交换开展研究的代表学者包含：Bathelt H（2002）研究了互动学习过程中经济活动的空间聚集性及其与知识创造空间性的关系[30]。Asheim BT（2005）基于北欧集群知识库与区域创新体系，提出隐性知识和编码知识的不同组合，为不同行业和经济全球化带来挑战，需要由创新组织支持，形成区域创新系统[31]。

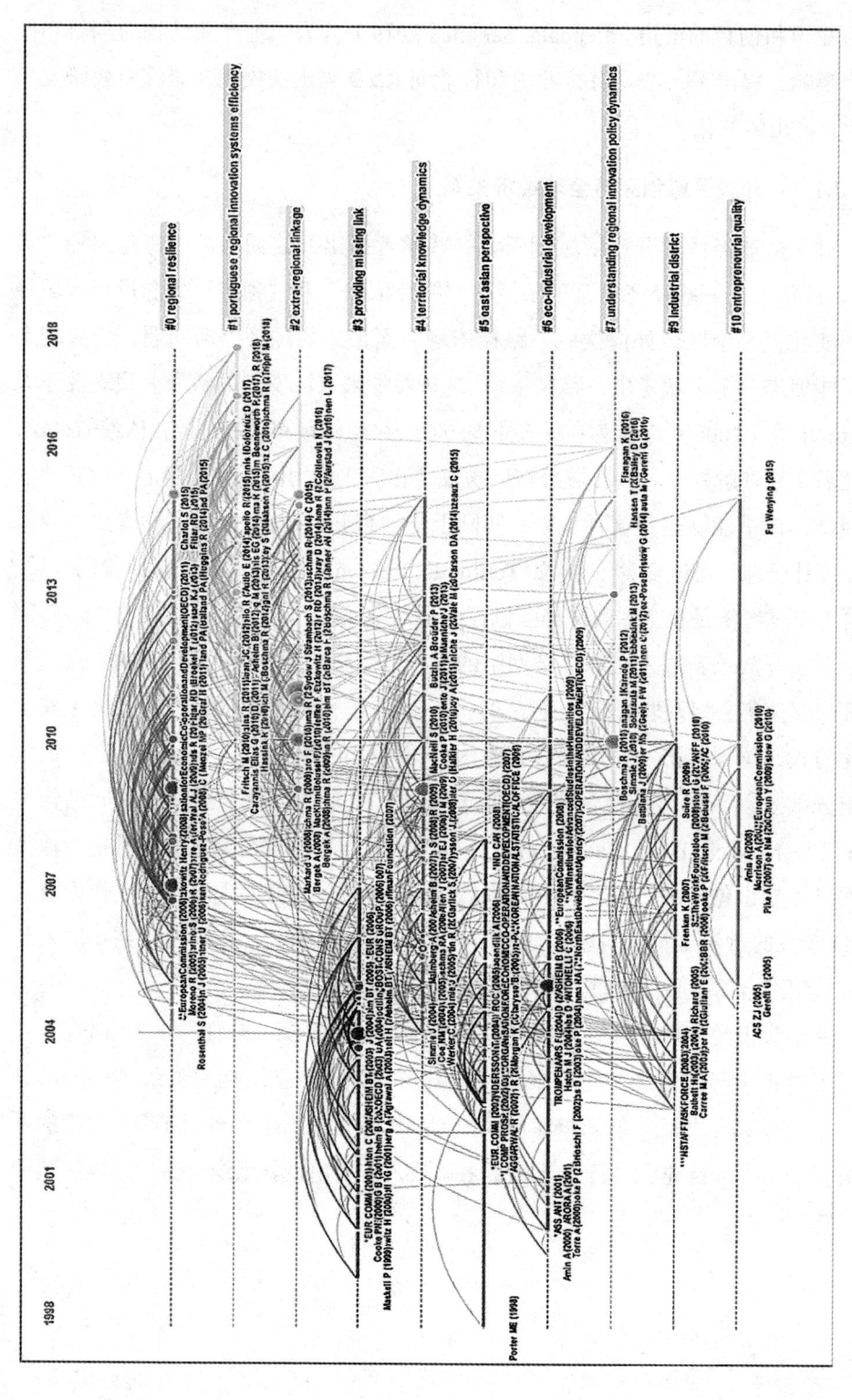

图 2.1 主题词聚类结果（T）

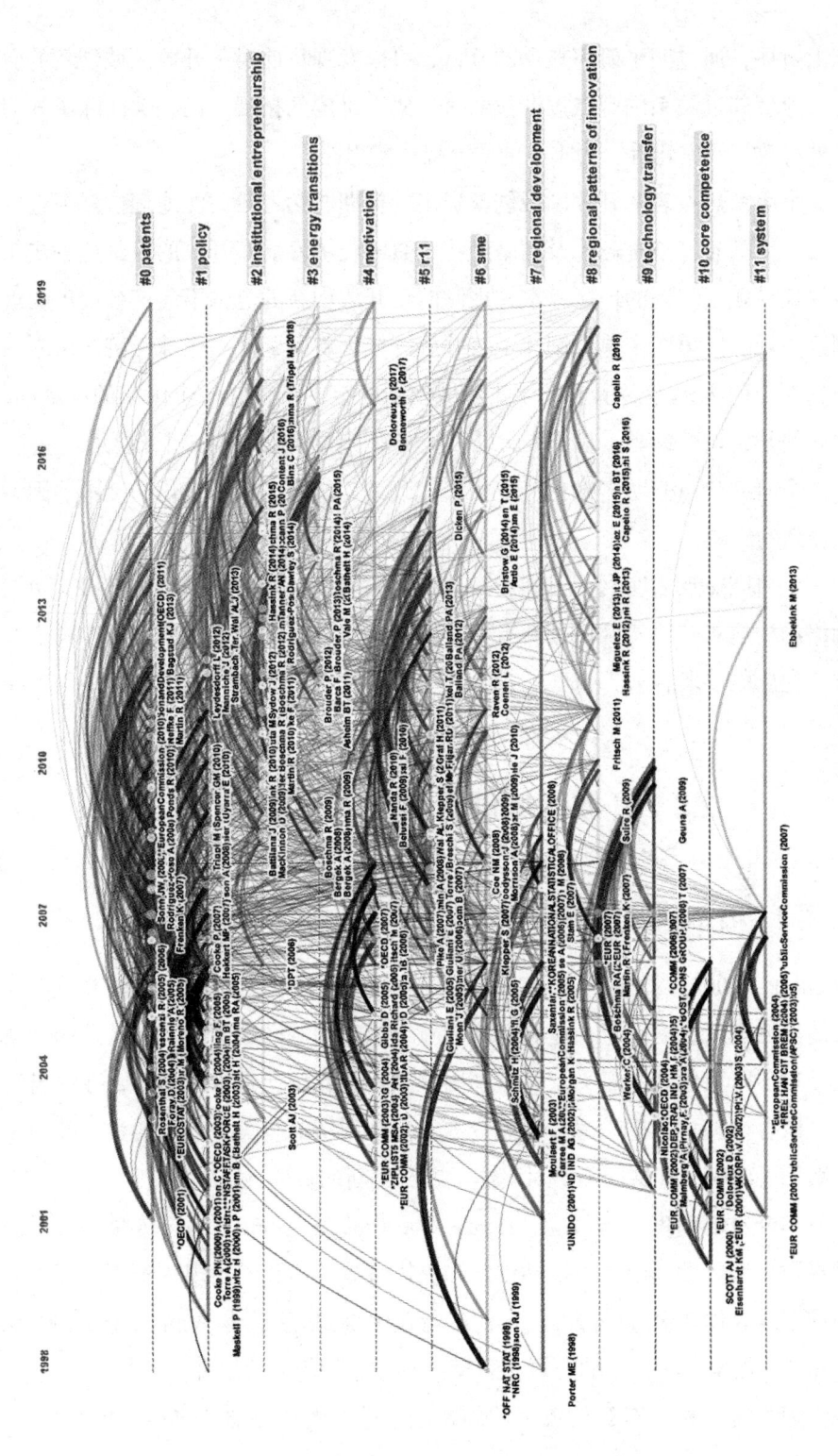

图 2.2 关键词聚类结果（K）

综上所述，通过四个研究热点的分析，可以发现目前对于开放区域创新的研究趋势、地理邻近关系的观点逐渐被弱化，研究维度的拓展，已经关注除了知识技术之外的政策及文化等，为本文的研究提供了思路。

第一个研究热点表明开放区域创新提出的初期，学者较关注地理位置邻近区域的开放，但随着经济全球化及网络经济、数字经济发展，开放的范围进一步扩大，不仅仅局限于邻近的地区，本文更倾向于开放创新的范围不应该被地理临近所限制这一观点。第四个热点阐述了将开放区域创新问题嵌入全球经济网络中的观点。这两个研究热点揭示了开放式区域创新的范围不仅是一个国家的区域间，国际层面的开放同样重要，基于本文进一步明确了国际合作这一研究视角。

第二个研究热点表明多样化产业集聚、政策、制度、区域文化、金融等因素对开放创新的影响。

第三个研究热点表明利用三螺旋来分析协同网络关系具有一定的优势，协同演化网络的构建对开放式区域创新有重要意义，这些观点为本文研究内容设定及研究方法的选取带来启示。

2.2 开放区域创新系统概念及结构

2.2.1 开放区域创新系统概念

Cooke P（2002）提出了一个新的区域创新概念，这个新概念强调多层次治理下实施区域创新，揭示了企业和其他创新组织之间，区域内以及区域外的创新组织互动对于区域创新的意义。其中利用外部资金支持促进区域创新，并提出集聚经济、联合治理、机构学习、邻近资本、互动创新等相关观点。通过一些中小企业的案例提出纵向和横向网络对集体学习和创新的重要性。[32]

从资本开放的角度提出概念：Henry, Chesbrough（2006）提出传统的公司创新通过投资大型研发部门，以推动创新和提供可持续增长。出现一种更加开放的模式，许多开放创新概念已经在更广泛的行业中得到应用[33]。Vinit, Parida, Mats, et al.（2012）提出中小企业的开放创新模式对企业创新绩效提升有益[34]。

从知识经济的角度对开放式区域创新概念进行阐述。如 Della Peruta, Maria

Rosaria（2018）提出开放式创新、产品开发和区域知识集群内的企业间关系。区域密切合作网络激励和促进创新[35]。Gabriele R 等（2017）研究了区域背景下企业的研发合作，提出更多的企业不仅从本地中心获取知识，而且从区域外的来源获取知识。并指出公共补贴在外部技术采购方面发挥了重要作用[36]。

从区域创新主体关系网络开放角度展开研究：Zhu W J，LU Ruo-Yu（2013）从参与者的角度，结合企业创新的开放度、组织边界，描绘了创新进化过程。参与者包含企业研发人员、内部员工、客户、非营利组织、商业组织、公众在企业中的创新[37]。Giudice M D，Maggioni V，et al.（2014）提出在知识经济中，开放多元化作为驱动力，通过在全球环境中的创新互动方式推动组织处于一个持续累积过程，并适应和再创造环境[38]。LSD. Oliveira, MES.Echeveste（2017）提出存在一个关系网络以促进合作，促进信息、技术发展和技术转让、知识转移，并在区域内产生和传播知识[39]。

2.2.2 开放式区域创新系统结构

Cooke P 在研究中借鉴了 Autio（1998）创新系统 RSI（Regional Systems of Innovation）框架。Autio（1998）认为区域创新系统主要由知识应用与开发子系统、知识产生和扩散子系统构成。这两个子系统是根植于同一区域社会经济和文化环境的两个子系统。知识应用和开发子系统由企业及其客户、供应商、竞争者和产业合作伙伴所构成。企业与顾客和供应商构成纵向网络，企业与合作者、竞争者构成横向网络。知识产生和扩散子系统由各类从事知识、技能生产和扩散的机构构成，主要包括技术中介机构、劳动中介机构、公共研究机构和教育机构等。

Della Peruta，Maria Rosaria（2013），伦巴第（Lombardi R）对区域知识集群内的开放创新、产品开发和公司间关系展开研究[40]。Spais G S（2012）从区域创新政策对开放创新影响的角度对开放创新展开了研究[41]。Chesbrough（2003）将开放式创新 OI（R & D open innovation）过程划分为研究项目、调查、开发、商业化。在研究阶段，公司从技术和科学资源中寻找想法、概念、伙伴关系和项目。Oliveira，Lindomar Subtil，Soares Echeveste，Marcia E（2019）指出创新中企业与高等教育机构的紧密联系，关系网络和知识吸收机制以及提供公共支持（例如奖励、资金、基础设施）是区域创新系统实施开放创新的关键成功因素[42]。

2.2.3 开放经济融入区域创新系统的方式

通过文献梳理，开放经济融入区域创新系统的方式和结果整理如表2.4所示，研究角度的选取包括基于创新进程的知识、资金及邻近性角度，政策、环境角度，主体网络融合角度。融入方式包含人员交流、项目合作、资源互补、研发联盟（组织融合）。

表2.4 开放经济融入区域开放创新系统的方式和结果文献梳理

角度	融入方式	结果	文献
创新进程	区域专家合作进程为：研究项目、调查、开发、商业化。进程中形成专家联盟	产出为论文、专利、项目、技术	S Wim, S Rosemarie, B Maria, F Ulf（2015） Chin K., Gold A., Walton C. M.（2017） Yang Nan（2013）
从知识、资金及邻近性角度	国际资源的进入国内、国际资源的重新配置	资源优化	Cruz Cazares, Claudio; Bayona Saez, Cristina; Garcia Marco, Teresa（2013） D'Ambrosio, Anna; Schiavone, Francesco（2017）
政策、环境	环境和主体的关系创新政策：PSOI国外企业技术创新环境	创新主体及创新环境的改善	Huang H X, S U Jing-Qin, Zhang B Q（2017） Zhu W J, LU Ruo-Yu（2013）
创新主体网络融合	三螺旋的拓展与国外研发组织合作，研发联盟组织RIS和OI的融合	创新网络关系更加复杂协同主体关系	Loet Leydesdorff, and Sun Yuan（2009） KiSeok Kwon Han Woo Park(2008) Minho So. and Loet Leydesdorff(2013) Lindomar Subtil de Oliveira(2017)

第一，从知识、资金及邻近性角度进行分析：如Cruz-Cazares, Bayona-Saez等提出公共基金和内部创新目标作为正式和非正式开放式创新实践的驱动力[43]。D'Ambrosio, Anna, Schiavone, Francesco（2017）分析开放创新驱动因素，具体驱动力包含：外部知识、技术、地理位置、资金资源。利用外部资金来源可以导致溢出效应，从而改变企业的创新能力性能[44]。

第二，从政策环境角度进行研究的学者包含：MD & LJ（2016）指出企业获取区域外的知识，将知识与区域经济联系起来，应关注知识"嵌入"区域化关系和机构的发展[45]。Huang H X等（2017）提出开放式创新是组织解决技术复杂性、需求多样性和企业封闭性之间矛盾的重要手段。研究表明，多种制度环境因素影响开放式创新系统，组织系统在组织成长过程中动态嵌入，形成了获取、整合、扩展等创新方式[46]。

第三，从区域创新流程和路线角度进行研究：S Wim，S Rosemarie，B Maria（2015）提出在开放经济条件下，可以通过区域创新与国外组织合作的方式来进行，创新的形成遵循着国外创新组织进入，创新想法的触发，创新意识的形成，确立创新的明确创新目标，制定详细的实施路线。在区域开放式创新中，离不开相关利益群体的参与，以及区域专家和学科专家的合作[47]。从这一角度展开研究的学者还有 Chin K.，Gold A.,Walton C. M.（2017）[48]，Yang Nan（2013）[49] 等。

2.3　三螺旋理论及四螺旋拓展研究

在开放区域创新理论综述部分，我们已经简单地梳理了开放创新的理论演进以及研究热点。在这一过程中，发现一些学者从三螺旋、四螺旋角度进行开放创新网络关系研究，在这里对三螺旋理论及四螺旋拓展相关文献进行详细的梳理分析。

2.3.1　三螺旋理论提出

在 web of science 网站对标题中含有"Triple Helix"的论文进行了检索，通过检索可以发现，三螺旋在生物化学范畴应用所占的比例最大，和社会经济管理环境相关的 232 篇，约占 14%，其中管理学占 4%。以 Triple Helix 对主题进行检索，共检索出 1 799 333 篇，其中管理学 288 篇，经济学 81 篇。三螺旋理论是从生物医学专业应用到经济管理之后理论逐渐成熟的。

三螺旋理论的诞生和发展也和上述检索结果相一致。20 世纪 50 年代，"三螺旋"最早被应用于生物领域。三螺旋模型在知识经济领域的应用始于 20 世纪 90 年代后期。美国学者 Henry Etzkowitz（1997）[50] 和 Loet Leydesdorff 共同提出，阐述大学、工业、政府三重螺旋关系，二人合作编写了《大学和全球知识经济：大学——产业——政府关系的三螺旋》一书。三螺旋——大学、产业、政府关系：

以知识为基础的经济发展的实验室"一文发表在 EASST Review 第 14 期，标志着三螺旋理论的诞生。

相关学者提出了国家创新层次的互动创新[51]，Cooke P 认为互动创新也和区域创新系统的关系非常密切。众所周知，这一概念和"国家创新体系"相关，与地区层面有着比较密切的相关性。一般而言，创新基础设施比较丰富，比如，如果是大学、研究机构、相关学院和技术转让单位，企业能够获得知识的机会就会更多。创新型大学的兴起，以及知识经济中政府、产业和大学互动的三螺旋推动，都表明了无论是纵向创新网络还是横向创新网络，都对创新活动有着重要的意义[52]。学者们对开放经济下的区域创新进行了理论拓展，并且对这一概念进行了实践，提出了创新系统中产业、政府和大学互动的"三螺旋"共同推动，三螺旋间的互动过程中的横向和纵向网络对创新系统的重要作用。三螺旋理论模型和开放创新之间具有较好的契合性。

对三螺旋和开放创新的研究文献梳理发现，二者存在比较多的交叉重复部分。Nakwa 和 Zawdie（2012）指出中介组织在整个创新过程中起到了经纪人的作用，通过参与到创新协作计划中，为行业、政府和大学三者间建立相关联系，其运作过程事实上体现了开放创新原则[53]。Lichtenthaler（2011）提出开放创新已经成为一个活动术语，涉及组织通过探索、利用和扩大知识和所处环境互动的创新过程[54]。Ranga 和 Etzkowitz（2010）对三螺旋如何履行职能进行了阐述，其从知识生成传播、创造开发智力和创业潜力三个方面以及中介的作用开展了研究，指出中介组织在参与者之间的互动中模糊了边界[55]。Fernandez 和 Gould（1994）指出，创新中介组织担任了把关者、协调者的角色，这取决于他们的组织、性质和资源，同时也会受到所处环境的影响。

在知网对三螺旋进行检索，可以看出三螺旋的研究从开始的缓慢发展到不断增长，已经逐渐引起人们的关注。也表明国内对三螺旋的研究逐渐增加和不断深入。国内对于三螺旋相关研究从柴振荣（1998）开始，研究的问题为科学、生产和政府关系的三重螺旋模型[56]。王成军（2003）开启了国内对三螺旋理论的实证研究，主要应用国外的 TH 算法将中国和其他国家的三螺旋进行比较[57]。

2.3.2 四螺旋理论拓展

在知网上以四螺旋和创新作为关键词进行检索，共有相关论文287篇，包含研究高职人才培养以及知识转移等主题，其中四螺旋模型相关的论文6篇，以国家层面为研究对象的居多，研究区域创新生态系统四螺旋模型的实证几乎没有。

随着经济全球化进程及开放创新的提出，三螺旋理论也逐渐向N螺旋理论拓展。一些学者对Etkowitz和Leydesdorff三螺旋理论进行了理论拓展，如Asheim B T（2005）对经济全球化对区域创新体系带来的改变，提出除了地理空间邻近以外机制的重要作用，包括认知、制度等。提出了与非本地学习接口相连接的非本地机构（国际用户）之间的研究合作，国际用户和区域生产者之间的网络[31]。Carlsson B（2005）提出创新体系国际化，虽然有大量关于企业层面经济活动（包括研发）国际化的文献，但对创新体系国际化程度的研究并不多，国家创新体系正在走向国际。Carayannis Elias G., Campbell David F. J.(2011)基于四重和五重螺旋创新概念和"模式3"知识生产系统提出开放创新（研究、教育和创新生态系统）[58]。Lew, Y K (Lew, Yong K Y)，Park, J Y (Park Jeong-Yang)（2020）探讨了区域创新系统研究中三螺旋研究方法的演变。以往对基于TH的研究主要集中在不同区域背景下创新创造主体（大学、工业和政府）与非市场机构之间的复杂互动。尽管有越来越多的基于TH的RIS研究，但他们往往忽视了RIS研究的进化方面和对可持续性的影响[59]。N螺旋模型是向利益相关者、国际化、专业化和生态保护倾斜，这为区域发展背景下的可持续性提供了各种含义。在全球化、数字化、社会生态化的时代，对可持续发展研究提供了一个全面的视角，并提出了有益的未来研究方向，供学术界和决策者借鉴。

一些学者也对开放经济和区域创新展开了实践研究。其中有代表的学者包含日本的Yuan Sun，对日本大学产业政府与国际合作关系进行了研究。研究中包含了三维、四维的互信息，说明了国家层面日本三螺旋系统不断被国际合作所削弱[60]。韩国的Ki-Seok Kwon，Han Woo Park，Minho So和Loet Leydesdorff（2010）对韩国的大学、政府和行业及其国际合作伙伴合著的结构模式进行研究。对传统的三螺旋进行拓展以衡量创新关系网络的演变。结果表明韩国在研发方面取得了一定的协同效应，大学和工业合作都是国际化的，韩国内部的交叉联系已逐渐削弱[61]。

2.4 文献评述

本文的文献综述主要从两个角度展开，一是区域创新生态系统及其演化，二是开放区域创新及三螺旋到四螺旋的拓展。对区域创新生态系统和开放区域创新问题国内外学者已取得了很多有价值的研究成果。通过文献梳理发现开放式创新理论进程为开放式企业创新，国家创新的国际化，开放区域创新。现在一些学者对区域创新的国际化（跨境区域创新）问题展开研究，并且已有学者在国家开放创新层面对三螺旋进行拓展构建四螺旋模型。本文的研究希望将二者结合起来，对开放区域创新的研究进一步聚焦和深化，将开放区域创新聚焦在开放经济视角下，深入研究区域创新生态系统四螺旋的演化问题。

2.4.1 研究现状

目前，国内外学术界区域创新生态系统的研究具有以下特点：

第一，目前对区域创新生态系统的研究中，区域创新生态系统的概念及结构已经逐渐明晰。通过文献分析可以看出，从系统的角度对区域创新生态系统展开研究更具有代表性。区域创新生态系统的结构主要包括主体、环境两个子系统。其中，创新主体机构包括企业、高校、科研机构、政府、中介机构，创新环境主要包括经济环境、政府支持（政策）等。一些学者认为创新资源包含资金、人才、技术等资源。区域创新生态系统特征有系统性、生态性、复杂性等。

第二，从互动学习角度看，开放创新生态系统包含的主体、环境、资源，其范围更广。目前，开放创新的研究以概念的界定、创新政策、学习互动、环境（文化）与主体的交互居多。其中有一个共同点，互动学习的思想贯穿了宏观、微观、中观层次的开放创新理论，可见开放创新的最根本途径就是系统内外的互动学习，是在共享资源互动学习中实现知识技术的创造过程。如果是区域的开放创新，互动学习会形成区域集聚效应。在互动学习过程中所构成的主体网络，各个主体成员之间互动学习网络的建立离不开创新环境。一些学者将创新系统的构成分为创新环境和主体两部分，还有一些学者将其构成分为创新主体、环境和资源。通过分析发现，二者并无本质区别，分为主体和环境的学者是将资源归到创新环境或者创新主体中，其中包含创新主体、资源、环境的思想更为广泛，因为从开放创新概念提出伊始，就是从外部资源的利用开始的，所以本文中采用了这种思想。

第三，从开放式创新理论发展来看，开放式创新经历了从企业开放式创新到区域开放式创新的理论演进。开放创新提出后其理论演变为企业开放创新、国家开放创新、区域开放创新。马歇尔的理论强调本地化经济的重要性，指出产业发展对本地其他产业的带动，雅各布斯提出产业多元化、文化多元化的思想。这两种思想也正是从本地化到多元化的转变，也反映在创新理论中，就是从封闭创新转为开放创新的理论演进过程。

第四，开式放区域创新理论已初步建立，逐渐成为学术界关注的热点问题。开放式区域创新与企业和国家的创新系统都有着密切关系，一些学者认为区域创新生态系统的核心就是企业的创新，并处在国家创新系统影响之下，因此在区域层面的创新系统也和开放创新密不可分。从研发组织再到企业和政府都与外部研发组织产生各种复杂的联系，利用外部知识和资源，受外部创新组织行为的影响。互动学习可以获得知识技术创新，企业利用新的技术进行生产，企业创新会促进产业的发展形成产业集群，产业的发展以及产业集群的产生会带来区域创新生态系统的演化。国家层次开放创新系统和区域创新系统概念提出后，国内外研究学者主要从开放式区域创新的理论渊源、类型划分、系统运行等理论视角，以及创新网络创建、创新效率评价等实证视角，开展了一系列的研究。

2.4.2 研究中的不足

第一，从开放创新研究对象看，开放式区域创新研究尚处于发展阶段。对宏观层次和微观层次开放创新，即对国家、企业（产业）创新生态系统的研究相对较早，理论较为成熟，而对中观层次的开放式区域创新生态系统的研究还有一定的空间。有学者提出在区域开放创新中企业的开放创新根植到区域经济社会中，与全球创新网络产生互动。近几年，对全球化与区域创新之间关系的研究逐渐增加，目前对于开放经济对区域创新生态系统的作用机理还缺乏深入研究，从开放经济角度分析区域创新生态系统协同演化关系的研究相对较少。因此本文选取了开放经济视角下区域创新生态系统展开研究。

第二，从研究的具体内容看，区域创新生态系统演化问题有待进一步深入。目前的研究主要包括创新生态系统的结构、要素、典型特征、功能、作用、绩效

（健康度和适宜度）评价等多个方面，而对开放式创新系统演化的机制的研究则略显不足。目前，对于区域创新生态系统演化概念界定还未统一，主要基于知识产生、技术扩散这一创新流程对系统演化展开研究，认为区域创新生态系统演化具有动态性和非线性等特征。同时，对开放经济视角下区域创新生态系统演化问题的研究较少。能够影响系统演化和正常运作的还有一些决定性的重要因素，比如成员之间进行的协同作用和演变过程，哪些因素和动力是影响区域创新生态系统协同演化关系的关键是目前理论界有待深入研究的问题。

第三，三螺旋虽然作为创新研究中的重要范式被广泛应用，但是在开放创新的研究中应用相对较少。目前研究中，学者对国家层次三螺旋到四螺旋的拓展进行了相关尝试，但是关于区域层次的四螺旋拓展从理论上来看还较为匮乏。并且在国家层次四螺旋拓展选取的维度多以知识层的协同为主。但对开放式的区域创新系统的研究来看，除了包含与国外的先进知识、技术的互动学习，即知识层互动合作，还包含内外资源共享及外部市场拓展等多个维度的协作关系。从这一角度来看，四螺旋应用于开放创新模式中的研究维度有待于进一步拓展。

2.4.3 研究启示

启示之一：研究视角及研究内容的选取——研究框架构建之源。

在对开放区域创新研究热点进行数据挖掘时发现，开放区域创新与全球经济关系已经逐渐演化为一个研究热点。将区域创新系统置于全球经济这个网络中有助于区域摆脱"路径依赖"带来的经济停滞问题。因为开放经济的引入，为区域创新生态系统注入了新的活力，有助于改变环境单一性带来的局限性。本文所研究的区域创新生态系统四螺旋演化是对开放区域创新的一个聚焦。

在全球化的现在，跨国公司的作用已成为区域与全球连通的关键主体，区域创新反过来也越来越被视为推动国民经济发展的重要动力。区域创新系统与全球创新网络互联互通越来越重要。因此，企业、区域和国家之间的关系在许多方面都发生了很大的改变，因此得出本文的研究视角，即在开放经济视角下（全球创新网络作用下）对区域开放创新系统的演化问题进行研究。

文献梳理发现区域创新生态系统理论已经逐步发展为开放的模式，本文的研究视角选取为开放经济下区域创新生态系统演化，基于四螺旋理论、自组织理论对区域创新生态系统演化问题进行研究。引入开放经济，将三螺旋理论拓展到四螺旋理论，对四螺旋演化进行理论构建。通过对区域创新生态系统演化文献整理分析，初步构建开放经济视角下区域创新生态系统演化问题研究框架，包含四螺旋协同演化关系、演化动力等。

总之，国内外研究都表明了国际合作对国家层次创新系统三螺旋关系有了很大的影响，因此在三螺旋体系中加入国际用户（国外创新组织）第四螺旋是非常有必要的。之前的研究中通常只考虑了开放经济下 FDI 的溢出效应，本研究正将研发经费、人才、外商投资企业、技术引进、新产品出口等因素也加入区域创新生态系统中。本文对国外研发组织进行了多层次拓展，也将国外先进知识技术合作交流的单一创新活动进行了补充，将其他层次的合作纳入研究中，并选取了演化这一角度进行动态深入的研究。

启示之二：开放经济下区域创新系统三螺旋的拓展——第四螺旋加入之源。

开放创新系统研究的理论进程从企业层次的开放创新系统，到国家层次的开放创新系统，再到区域层次的开放创新系统。在研究的进程中互动学习成为连接研究进程的一个重要概念。开放创新的理论演进过程从最初封闭的（真空）企业垄断的提出，到开放的企业创新，再到开放的国家创新系统，提出开放式的区域创新系统。区域创新生态系统四螺旋与企业层次的创新和国家层次的创新都密切相关，国家的创新系统、国外的创新系统都会对其产生重要影响。因此本文的研究思路根植于国家层次开放式创新、企业层次开放式创新与区域层次开放式创新的关系。

开放式区域创新中第四螺旋加入的想法的萌发过程如图 2.3 所示，三螺旋理论为探讨大学、产业、政府三螺旋合作创新提供了理论依据。随着三螺旋理论的提出和成熟，三螺旋的应用范围越来越广，逐渐成为创新问题的重要研究模式。随着研究的广度和深度的拓展，三螺旋已经逐渐拓展为四螺旋乃至 N 螺旋。在对螺旋理论文献梳理时发现，在国家层次开放创新系统的研究中已有学者将与国际研发组织的合作作为第四螺旋，进行四螺旋之间关系的分析，给本文在区域创新生态系统中加入国外创新组织作为第四螺旋进行研究提供了思路。一些学者提出国际用户通过本地学习接口接入区域创新网络中，那么国际用户到底包含哪些组织，通过文献梳理发现，开发创新过程中国外的企业、高校、研发机构和政府都会与本地创新网络展开合作，因此本文认为国际用户就是区域创新体系中的第四螺旋。基于国外研发组织这一概念，本文提出国外创新组织这个综合组织为第四螺旋接入区域创新生态系统，成为四螺旋结构。

通过三螺旋的拓展，第四螺旋的加入以及国外研发组织概念的延伸，已经初步确立了区域创新生态系统四螺旋研究中加入的第四螺旋——国外创新组织。国外创新组织涵盖的内容仍需要进一步厘清。开放经济下第四螺旋与其他螺旋互动层次包含知识层、资源层、市场层、政策（政府）层。

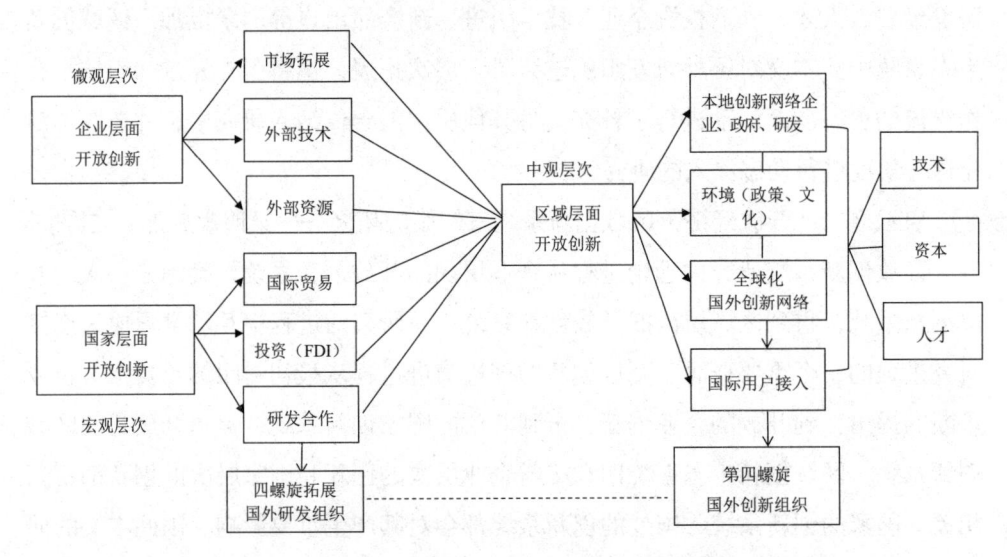

图 2.3　基于开放创新及三螺旋理论第四螺旋萌发思路图

综上所述，从区域创新系统涉及的主体来看，区域开放创新离不开区域内企业的开放创新，也被国家开放创新所影响，因此其内容更为复杂，涵盖了企业开放创新和国家开放创新的部分内容。通过分析发现第四螺旋——国外创新组织与区域创新生态系统之间的协作涵盖内容包括有：知识技术层的协作、资源层的共享以及市场层的拓展。基于这些协作行为过程中涉及的主体，第四螺旋所涵盖的主体包含外商投资企业、跨国公司等形式的企业，与区域内展开知识层协作的研发组织，以及政府间的高层合作或者创新环境构建。所以区域创新生态系统四螺旋所涉及的利益主体包含了企业、高校及科研院所、政府以及国外的创新组织。

启示之三：第四螺旋参与区域创新生态系统演化的途径——理论模型构建之源。

跨境区域创新系统主要分析参与者之间的互动，生态系统中加入了参与者与环境的互动。区域创新生态系统四螺旋的主体不再是传统的 UIG 模式，有了第四螺旋的加入。关于第四螺旋进入区域创新系统的途径：在封闭创新模式下，外资多以进入终端产品市场的方式进入，进入后会对技术实行内部的严格控制。随着开放创新模式的发展，外资企业和跨国公司会把研发机构建立在其他国家和地区进行研发合作；同时会参与到所在区域的技术市场交易活动中来。由此可以看出，外资企业已经作为重要的参与者参与到区域创新生态系统中来。企业的开放创新模式会促进"二元创新"（探索性创新和利用性创新）活动。

开放经济下，区域跨国合作主要方式包含引进国外先进技术，引进国外创新人才，国外专利申请、专利合作，国外论文发表、联合发表，采购先进设备和产品，组建跨国技术联盟。韩国、日本学者对四螺旋模式进行研究，在创新系统中产业、政府和大学互动的"三重螺旋"中加入国外研发组织，将三螺旋拓展到了四螺旋。

在本文四螺旋模型中，加入了更多的利益相关者，在开放经济视角下区域创新生态系统中利益相关者主要包含外资企业，其进入路径是直接进入到区域的地理边界内，与其他螺旋之间密切联系，共同完成研发、生产、销售等创新环节。国外研发组织的进入合作路径主要包含：引进国外技术、引进国外创新人才、在跨国公司建立研发机构、在国外发表论文申请专利、与其他组织或者部门成立跨国技术联盟。国外政府作为创新平台的建立者在与区域创新系统进行物质和能量的交换中起到引导和促进的作用。

通过本章的文献综述，已经初步形成了第四螺旋（国外创新组织）加入区域创新生态系统的研究思路，在下一章将进一步明晰国外创新组织的概念并构建四螺旋模型。

3 四螺旋模型及演化理论框架构建

本章主要目的是基于前面的文献综述进行四螺旋模型及理论框架的构建。本章的逻辑层次是：首先，明晰开放经济下第四螺旋的内涵并构建四螺旋（UIGF）模型。其次，分析开放经济区域创新生态系统概念及结构。再次，阐明区域创新生态系统演化的概念和特征。最后确定演化理论框架包含协同演化关系、演化动力两个层次。四螺旋模型构建建立在文献分析、理论分析、现实分析、案例分析多重研究基础上。演化理论框架构建采用层层推进的方式。第一，明晰区域创新生态系统四螺旋的概念，并对这一复杂系统结构进行剖析，即确定区域创新生态系统四螺旋概念及结构。第二，在理论层次上递进到区域创新生态系统四螺旋的演化，构建区域创新生态系统四螺旋演化概念模型及演化特征。这两者是区域创新生态系统四螺旋演化构建的基础和必要步骤。第三，根据区域创新生态系统演化的概念模型及演化的本质确定演化所涵盖的内容，构建演化理论研究框架。

3.1 第四螺旋概念界定及四螺旋模型构建

3.1.1 第四螺旋国外创新组织概念界定

本文的研究视角聚焦于开放经济视角下区域创新生态系统，在这一视角下，利益相关者更加复杂，从三螺旋拓展为四螺旋。本文第四螺旋选取的是国外创新组织，主要原因如下：开放经济中四部门带来的启示，在经济学理论的研究中，从厂商、居民户与政府三部门经济模式到加入国外部门的四部门经济模式，是本文最终研究视角选取思路萌发的启示；基于经济全球化的发展，地理邻近关系对创新绩效的影响逐渐弱化，主体间异质性有利于四螺旋间网络耦合；区域创新体系（RIS）是国家创新系统的重要组成部分，国家层面第四螺旋的提出，是区域层面第四螺旋提出的基础。

本文所加入的第四螺旋即国外创新组织，国外创新组织这一概念的提出是综合了两个融合的结果和产物。一是区域创新系统 RSI 与开放式创新 OI 融合，二是国外研发组织与利益相关者概念的融合，这一观点已经在文献综述时进行了阐述。Cooke P 提出区域创新系统会受到国际组织的影响，区域创新生态系统四螺旋演化主体更加多样化，区域创新生态系统模型的适应性更强[32]。已有一些学者在国家层次开放创新中加入国外研发组织，对国内、国际研发合作关系进行了实证分析。基于开放创新的理论演进和一些学者对第四螺旋在国家开放创新系统中的实践，本文提出了区域创新生态系统的第四螺旋，即国外创新组织的概念。

"国外创新组织"一词表述方式的形成思路。Simon 对组织的概念进行了拓展，认为组织是指通过信息沟通而形成的一个群体间相互联系的关系模式。邹晓东（2003）指出从全球化企业组织创新来看，是围绕资源、技术（流程）而形成的新的组织形式。而与之相关的知识型企业的组织创新是基于专利、技术等无形资产的增值和组合[62]。从全球化企业和知识型企业组织创新出发，本文的第四螺旋是跨越边界、围绕资源、知识技术、创新利润而形成的一种综合性组织，通过与其他三螺旋间互动实现资源互补、知识整合，最终实现利润增值。基于跨边界及知识技术创新特征，本文选取了国外创新组织一词来表述一个广义的、综合的组织概念。

国外创新组织所包含的不同层次。通过文献梳理可以发现在开放创新模式下相关利益群体的参与更加复杂，包含三个维度：内部资源和外部资源的互补，内部、外部知识的流动，市场的外部拓展。在这三个维度对国外创新组织所包含的组织进行说明：第一，外部资源主要来自国外企业、研发组织之间的协作，通过互动协作关系的建立，资金和人才会进行内外部的交流，同时离不开政府的引导，引入外部资本。第二，开放的主体从知识、技术流动角度来看，应该包含国外的科研院所和大学。第三，市场的拓展包含了国外企业和政府间的协作。从这三个维度来看国外创新组织应该包含国外的企业、高校、研发机构以及政府。基于此，第四螺旋主体即国外创新组织应该是一个复合组织，既包含外部企业、高校、科研院所，也包含政府间的互动协作。从四螺旋主体上看，国外创新组织在这里是一个统称，构成较为复杂，和国内的产学研协作类似，也包含国外的企业，如外商投资企业、政府、高校以及科研院所。

综上所述，本文所提出的第四螺旋即国外创新组织内涵是一个多元化复合组织，其在构成上主要包含国外的企业、政府、高校以及科研院所等组织。国外创新组织与区域创新生态系统的其他主体之间通过资本、人才、技术的流动产生协同合作关系，实现寻求外部先进的知识、技术，系统内、外部资源互补共享，系统内部市场向外部市场拓展这三个目标，共同促进区域创新生态系统的演化。

3.1.2 第四螺旋的融入动因及路径

完成四螺旋模型的构建，从三螺旋模型拓展到四螺旋，最关键的问题就是第四螺旋的加入，要解决的主要问题就是第四螺旋选取的可行性。在本节主要通过理论演进（三螺旋到四螺旋）分析四螺旋模型构建的可行性，通过研究焦点（国际创新合作聚焦）分析第四螺旋国外创新组织加入的可行性，基于我国区域创新生态系统现实情况来分析第四螺旋的融入动因、方式及路径。最后，在理论和现实分析基础上加入经典案例分析，通过理论演进、研究焦点及现实情况加案例分析多个角度来阐明四螺旋加入的可行性，分析第四螺旋的融入动因、方式及路径。再通过案例分析进一步明晰四螺旋模型组织构成及关系，构建四螺旋模型。第四螺旋的融入动因及路径如图3.1所示。

3.1.2.1 第四螺旋的融入动因

从现实情况来看，第四螺旋融入动因的根本是创新利润的追求，要获得更高的创新利润，就需要降低创新成本，而要降低创新成本的主要途径就是获取更优质的创新资源，降低研发的时间周期。一是国外创新组织加入后可以增强内外资源的利用效率，实现资源互补和资源配置优化，这可以在一定程度上弥补内部资源的不足，同时降低获取资源的成本。二是先进技术的引入可以缩短研发周期，三是外部市场的拓展可以增加企业创新产品的销售收益，实现更多的创新力、创新利润。第四螺旋即国外创新组织的加入有利于降低区域创新的成本及风险；增加创新的活力，催生更高水平的创新和更丰富的创新成果；有利于拓展外部市场，增加创新产品转化为创新利润的途径；有利于创新主体的丰富，创新主体的异质性更有利于新思想、新理念的萌发；创新人才作为创新思想交汇的载体，人才的双向流动有助于信息、知识、技术的交流互动，提升创新效率。

因为本文的研究对象为区域创新生态系统，所以企业调研的研究方法并不完全适用区域创新四螺旋关系的构建，所以本研究主要是从文献及区域创新系统发展现状中寻找并构建四螺旋间关系。前面已经在理论分析中，归纳出第四螺旋概念，完成四螺旋间关系的初步构建，这里主要通过区域创新生态系统发展的具体情况进行第四螺旋进入方式的归纳，寻找共性，搭建第四螺旋的融入方式和路径。

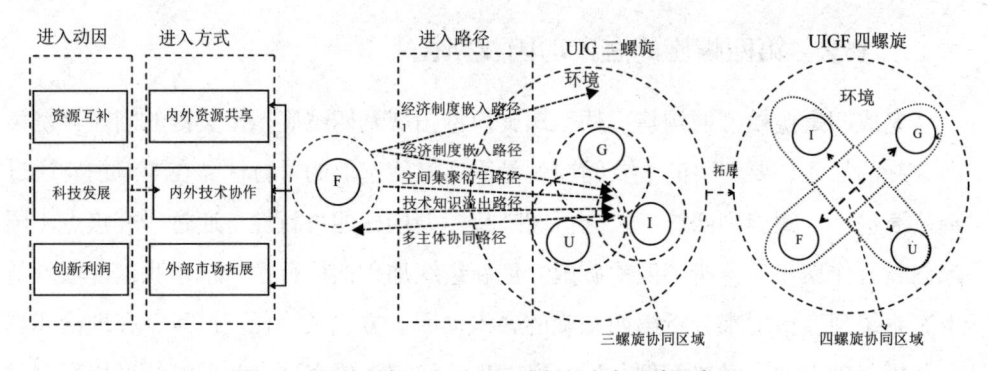

图 3.1 国外创新组织融入区域创新生态系统示意图

3.1.2.2 第四螺旋融入区域创新生态系统路径分析[63]

开放创新突破区域边界可以利用外部的资源，这可以打破对区域创新资源的依赖，实现均衡发展；与其他组织进行协作，通过国外创新组织研发资金的引入可以弥补企业自身研发资金的不足；同时与其他国外创新组织合作研发可以缩短研发所需要的时间，突破在产品技术研发过程中所遇到的瓶颈；通过资源互补，实现资源的集聚效应，发挥最大效用。已经对国外创新组织如何参与到区域创新生态系统各个流程中进行了分析，那么国外创新组织通过哪些路径参与创新进程，主要包含以下几个路径：经济制度嵌入路径，技术溢出路径，集聚衍生路径，多主体协同合作路径。

第一，经济制度嵌入路径。

嵌入这一概念最早由波兰尼提出，波兰尼指出经济嵌入一般是与制度嵌入缠结于一起的，而开放经济对区域创新生态系统的嵌入路径也通过经济嵌入和制度嵌入来实现。

首先我们来看经济嵌入路径。开放经济视角下，通过招商引资的优惠政策来扩大引进外资，促进知识更新、技术进步、人力资本提升。从科技孵化到创业、创新，到产业集群集聚、发展区域产业优势、创新产品的产出，再到区域创新生态系统的演化道路都有开放经济的嵌入，开放经济通过知识、技术、资金以及人力资本嵌入到演化流程中，影响演化的进程和效率。区域创新生态系统中创新基础设施作为创新环境节点，人力资本、技术知识作为重要的资源节点，是区域创新生态系统良性演化的核心力量。开放经济会嵌入到创新基础设施和人力资本、技术知识等环境、资源中去。经济嵌入可以通过产品进出口以及FDI投资等方式来实现。

之后我们再来看开放经济对区域创新系统演化的制度嵌入路径。制度嵌入路径以公众的认知并接受为基础。在区域创新生态系统中的制度嵌入路径表现为区域内创新制度对开放环境中的跨国公司通过学习认知、学习等方式建立了接受和认同通道，并且将这种获取到的认知运用到相互融合的区域创新系统中，实现了制度嵌入的过程。

总之，通过制度嵌入和经济的嵌入实现了区域创新生态系统环境的改善、区域创新生态系统主体网络的强化以及创新资源的优化，从而影响区域创新生态系统的整个演化过程和演化节点。

第二，知识、技术及人力资本溢出路径。

开放经济的溢出路径包含知识溢出、技术溢出和人力资本溢出，开放经济对区域创新的溢出路径如图3.2所示。通过溢出路径区域创新绩效可以得到提升。

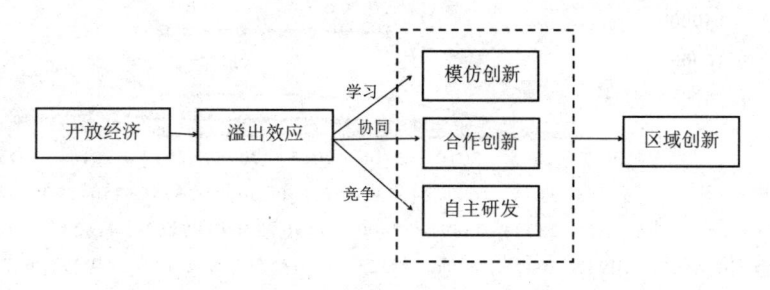

图3.2　第四螺旋对区域创新系统的溢出路径

一是知识溢出效应。具有溢出效应是知识与普通商品的重要区别，知识溢出效应能提高全社会的生产率，内生的技术进步也是区域创新的动力。罗默提出了知识溢出模型，在其模型中，总生产函数描述了劳动力、资本存量、创新技术存量和产出的关系[64]。

二是技术溢出效应。主要是指跨国企业作为全球先进技术的主要发明者、供应来源，在其对外直接投资中会发生内部技术转移，这种行为对东道国而言会带来技术进步，这就是溢出效应[65]。

三是人力资本溢出效应。卢卡斯将人力资本的溢出效应解释为，在向他人学习或相互学习的过程中，拥有较高人力资本者会对其周围的人产生更多的有利影响，提高周围人的生产率，但他却并不因此得到收益[66]。

第三，空间集聚衍生路径。

资源、技术空间集聚衍生路径对创新的资源、主体及创新绩效都会产生影响。空间学派提出区域创新能力与知识交流有着紧密的联系[67]。比如，1995—2019年我国国际科技创新来华合作项目主要包含考察访问、国际会议、合作研究、培训、展览会等，如图3.3所示（数据来源：《中国科技统计年鉴2020》）。从中可知，我国与国外合作项目整体呈不断上升趋势，2019年小幅下降。2017年合作项目总量超过130 000项，2018年合作项目总量达到250 419项，是2017年的近2倍，2019年合作项目数量为209 567项，合作项目总数有所下降。通过这些项目的合作可以实现创新人才以及技术知识的集聚共享。

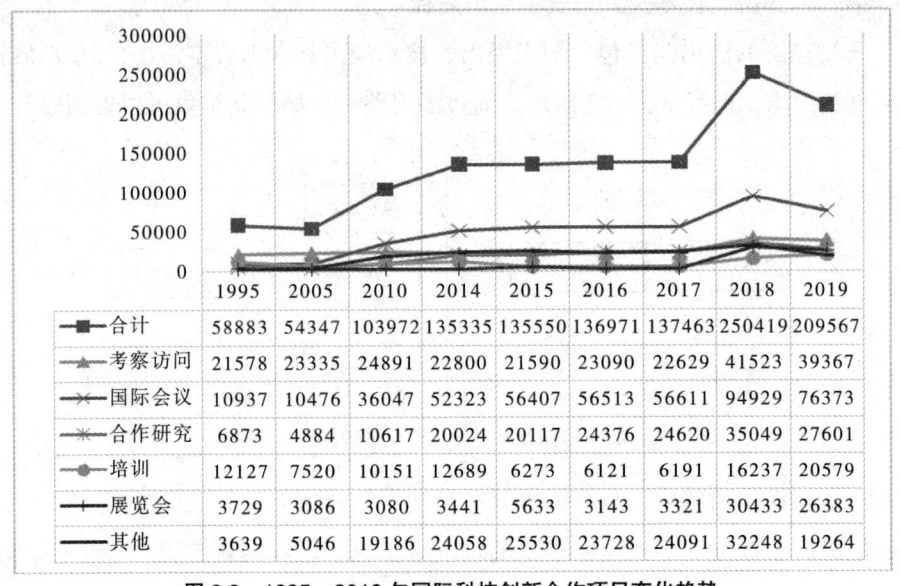

年份	1995	2005	2010	2014	2015	2016	2017	2018	2019
合计	58883	54347	103972	135335	135550	136971	137463	250419	209567
考察访问	21578	23335	24891	22800	21590	23090	22629	41523	39367
国际会议	10937	10476	36047	52323	56407	56513	56611	94929	76373
合作研究	6873	4884	10617	20024	20117	24376	24620	35049	27601
培训	12127	7520	10151	12689	6273	6121	6191	16237	20579
展览会	3729	3086	3080	3441	5633	3143	3321	30433	26383
其他	3639	5046	19186	24058	25530	23728	24091	32248	19264

图3.3 1995—2019年国际科技创新合作项目变化趋势

从集聚的形式上看有比较优势集聚、竞争优势集聚、产业集聚、创新资源集聚等。开放经济条件下产生的集聚衍生路径主要有：一是通过国际合作研究、培训等方式展开的合作，这些合作会产生出创新资源集聚衍生的效果，如成立跨国研发机构和海外研发机构；二是跨国公司入驻当地后，上下游的产业链会形成产业集聚，与此同时通过跨国公司在区域内的技术溢出效应，会产生产业集聚的效果；三是通过资本、要素市场的开放，衍生出对融资、信贷、咨询、研发等各种需求，构成服务网络，促进区域创新生态主体的多样化，产生集聚衍生效应。

第四，多主体协同合作路径。

根据霍兰提出的复杂适应性思想，区域创新的主体类似于自然界中的生物链，是一系列的主体，这一系列的主体具有适应性，可以与创新环境进行交互，同时这种交互作用累积成经验，改变系统演化的规则，使主体不断调整自身的行为[68]。基于此，开放经济环境会影响创新主体的行为模式和系统的演化规则。

第一个路径：传统上区域创新主体只包含官、产、学、研，而在开放经济下创新主体更加复杂，包含了政府、创新企业、高校、研发机构以及国外创新组织。其协同合作路径包含了以下几种：首先，跨国公司与区域内的企业合作进行新产品的研发和生产；其次，国外的高校与区域内的高校进行论文的合著、国际研究机构与区域内的高校和研发机构进行专利的合作，组成跨国创新联盟组织。举例来说，跨国公司进入一个区域后，会对该区域的创新环境产生影响，如市场的拓展与争夺，同时会带来创新资本和创新人才，开放式创新与资源共享会形成一种智力资本，从而实现协同创新。

第二个路径：跨国公司进入一个区域后，会同该区域的企业形成一种产品竞争关系，从而迫使区域内的企业或从国外引进技术，或加大研发力度，研发新产品，这会促使企业与区域内的高校及研发机构进行研发合作，即促进区域内创新主体间的协同合作。也会同自然界一样在区域创新主体之间产生优胜劣汰，这种形势会促进区域创新的动态演化。

3.1.3 第四螺旋融入区域创新生态系统的初步验证

前面分析了第四螺旋的融入动因及路径，为了初步验证第四螺旋融入对于创新生态系统的影响，本文进行了回归分析。基于动态性及 GMM 回归方法的优势性考虑，以 GMM 回归进行初步验证。以我国 31 个省、区、市为研究对象，选取 2000—2018 年的相关数据作为面板数据进行研究。变量的具体选取如下：被解释变量选取专利授权数（INN），关键自变量国际直接投资（FDI）和进出口总额（XM），控制变量选取研发经费（RDC）和区域生产总值（GDP）。使用 Eviews10.0 软件对面板数据进行 GMM 估计，对面板数据进行单位根检验、协整检验以及格兰杰因果检验。

3.1.3.1 面板数据的单位根检验

对各变量的单位根检验显示原数据 3 种方法检验都不平稳。之后进行一阶差分处理，结果如表 3.1 所示，3 种方法检验平稳。考虑到这些数据都是一阶平稳，可通过协整检验来分析它们是否存在长期相关关系。

表 3.1　一阶差分后面板数据 ADF 检验结果

检验方法	统计值	概率	观测数
Im, Pesaran and Shin W-stat	−3.649	0.000 1	2 674
ADF-Fisher Chi-square	681.164	0.000 0	2 674
PP-Fisher Chi-square	1 116.4	0.000 0	2 790

3.1.3.2 面板数据的协整检验

协整检验采用 Pedroni 检验方法。假设不存在协整关系，检验结果如表 3.2 所示，Panel PP-Statistic，Panel ADF-Statistic 的 P 值显著小于 5%，说明不支持原假设，即存在协整关系。但是 Panel v-Statistic、Panel rho-Statistic 的 P 值大于 10%，接受不存在协整关系的原假设。

表 3.2　Pedroni 检验结果

检验方法	统计量值	P 值
Panel v-Statistic	−2.196	0.985 9
Panel rho-Statistic	2.333	0.990 2
Panel PP-Statistic	−14.683	0.000 0
Panel ADF-Statistic	−8.931 4	0.000 0

3.1.3.3 格兰杰因果检验

鉴于部分检验显示不存在协整关系，对于是否存在长期协整关系，可再采用格兰杰因果检验方法进行检验，结果如表 3.3 所示。由表 3.3 可以看出，FDI，RDC，GDP，XM 都是 INN 的格兰杰原因，说明至少存在一个长期协整关系。

表 3.3 格兰杰因果检验结果

假设	观测变量数	F 统计值	P 值
INN does not Granger Cause FDI	558	14.075	1.00E-06
FDI does not Granger Cause INN		83.245	2.00E-32
INN does not Granger Cause GDP	558	4.987	0.007 1
GDP does not Granger Cause INN		16.821	8.00E-08
RDC does not Granger Cause INN	558	18.175	2.00E-08
INN does not Granger Cause RDC		11.532	1.00E-05
XM does not Granger Cause INN	558	23.476	2.00E-10
INN does not Granger Cause XM		3.449	0.032 5

检验结果显示数据都是一阶平稳且存在一个长期协整关系。因此进行 GMM 回归，得到的结果如表 3.4 所示。通过 GMM 估计结果可以看出，P 值均小于 1%，说明估计参数均在 1% 置信区间下具有显著性。Prob（J-statistic）为 0.482，大于 0.1，说明不存在过度识别的现象。其中，FDI 对区域创新系统影响较大，系数为 7.788。

表 3.4 GMM 估计结果

解释变量	估计值	标准误	t-value	P 值
INN(-1)	0.777	0.002	447.980	0.000 0***
GDP	0.656	0.004	170.246	0.000 0***
FDI	7.788	0.064	121.593	0.000 0***
RDC	-25.273	0.372	-67.991	0.000 0***
XM	4.47E-05	1.68E-07	266.304	0.000 0***

注：***p<0.01；**p<0.05；*p<0.1

根据研究结果可以发现，开放经济下第四螺旋的融入对区域创新系统演化具有积极作用。因此基于初步验证的结果可以看出，将第四螺旋引入区域创新生态系统可以推动区域创新生态系统的正向演化，促进区域创新能力的提升。[63]

3.1.4 基于中车集团案例四螺旋（UIGF）模型分析

前面的分析我们已经明晰了三螺旋到四螺旋的理论演进，并选取区域创新生态系统四螺旋的第四螺旋，即国外创新组织，并就国外创新组织的进入方式及途径进行分析，下面对四螺旋（UIGF）模型进行构建。结合前面理论及现实分析的结果，在这一节中通过经典案例分析，进一步理清四螺旋构成及关系，完成四螺旋模型构建。

下面是四螺旋关系的形成的经典案例分析。

第一，案例选取。

企业以其对市场的敏感承担创新利润的实现职能，活跃于创新产品的生产和销售环节，是利益共享机制的核心。企业作为区域创新生态系统创新过程中核心的一环发挥着重要的作用，也是四螺旋关系中最重要的螺旋，因此选取了企业为案例来进一步厘清四螺旋关系，进行四螺旋模型构建。

本研究根据典型原则选择中国中车集团为研究样本。中国的中车股份有限公司（简称中国中车，CRRC）是国务院国资委管理的中字头企业，由中国北车、中国南车按照对照原则共同组建，总部设在北京，同时在A股和港股上市。目前共有全资及控股子公司46家，员工超过17万人。

之所以选择中车集团为样本，其典型性体现在几个方面：一是该企业作为中国高铁技术的重要组成部分，技术研发实力雄厚，具备完善的科研部门架构、丰富的科研队伍，可以作为区域创新生态系统中企业的典型案例。据统计，中国中车集团拥有动车组和机车牵引与控制国家重点实验室、高速列车系统集成国家工程实验室、国家重载快捷铁路货车工程技术研究中心、国家轨道客车系统集成工程技术研究中心等国家级研发机构11个，国家级企业技术中心19家，形成了完整的铁路产品和技术研发体系。并拥有省部级研发机构50个，技术创新和技术保障能力十分强大。二是建立了较为齐全的研发合作体系，与高校、研发机构以及国外的大学、企业、研发机构合作频繁且密切，符合本研究重点关注的内容。三是作为全球规模领先、技术一流、品种齐全的轨道交通装备供应商，具有广阔的海外市场。主营铁路机车车辆、动车组、城市轨道交通车辆、工程机械、各类机电设备、电子设备及零部件、电子电器及环保设备产品的研发、设计、制造、修理、销售、租赁与技术服务；信息咨询；实业投资与管理；资产管理；进出口业务。2020年实现营业收入达2 276.56亿元人民币,利润113.31亿元人民币,其中国际业务新签订单421亿元人民币。

第二,事件整理分析。

中国中车集团建立了中英、中美、中德等9家海外联合研发中心,初步具备了实现内外资源网络互补的能力。比如,中车研究院、四方股份、德国德累斯顿工业大学共同成立的中德轨道技术德累斯顿联合研发中心,为中车集团提供了碳纤维材料的研究。中车研究院、四方股份与英国帝国理工学院等多所大学成立的中央轨道交通技术联合研发中心,着力提升中车集团在先进材料成型与制造、减震降噪技术等方面的水平。仅以中车北车集团北国公司为例,已累计获得700余项专利,获得美国授权专利3项、欧洲授权专利2项、土耳其专利1项。中国中车集团拥有的相对成熟的海外技术研发合作,也让其可以为本研究提供样本。

在资料收集的过程中,鉴于国内UIG之间的关系已经成熟,主要以国际合作事件为主。研究中的资料来源于访谈、年鉴及网络,主要是对中车唐山机车车辆有限公司(以下简称中车唐山公司)研发部门人员的访谈、中国中车年鉴,以及中车集团官网、中国经营网、搜狐网等网站。通过对访谈及收集到的内容进行整理,如表3.5所示。在资料整理的过程中发现,中车集团已经逐渐从技术引进为主转为技术合作、技术输出,成为合作研发及自主研发并重的企业。并且其分公司因其创新能力及研发能力突出,产品竞争力大,已成为所在区域经济拉动的骨干企业和龙头企业,如中车唐山公司主要致力于高端装备制造,对河北省高端装备制造业发展起到推动和示范作用,有利于区域创新水平的提升。

表3.5 中国中车集团创新合作事件梳理分析

合作关系概括	合作方式及结果	事件	创新组织	来源
中德、中英、中美研发联合中心等海外联合研发中心9个IF(国外大学)	轨道交通轻量化技术及材料研究(碳纤维材料)	中德轨道交通技术(德累斯顿)联合研发中心(四方股份有限公司、中车研究院、德累斯顿工业大学)	国外大学	中国中车年鉴
IF(国外大学)	技术研发先进材料成型及制造;无损检测、减震降噪等;统筹全球技术资源	中英轨道交通技术联合研发中心四方股份有限公司、中车研究院、英国帝国理工大学南安普顿大学、伯明翰大学	国外大学	中国中车年鉴集团官网

(续表)

合作关系概括	合作方式及结果	事件	创新组织	来源
1.中国北车大连电牵研发中心、中国中车（孟加拉）、土耳其（安卡拉） 2.政府支持：土耳其交通部（IGF）	产品研发合作（提供技术支持）、加快技术转移 结果：从进入引进到技术输出	1.内燃动车组项目牵引及网络控制系统的配套合同（2012） 2.中国中车土耳其（安卡拉）海外联合研发中心（2018）	国外政府、企业	1.搜狐新闻网、百度百科 2.中车株洲电力机车有限公司官网
中意政府、意大利蓝色企业（蓝色工程公司、公车设计公司）、大学（都灵理工大学）、科研机构 UIGF	优势互补、本地化设计、制造、技术研发、人才培养	2019年中车唐山公司意大利现代轨道交通技术联合研发中心 2019年中车唐山公司与德铁系统技术轨道车辆研究中心	国外政府、企业、大学、研发机构	国际在线 e车网
生产合作 市场拓展 IGF	深耕海外市场，塑造高端品牌形象、提升市场占有率、全要素经营实现创新利润（海外销售收益增加）	澳大利亚、阿根廷、土耳其、新加坡、安哥拉、美国、澳大利亚、南非等本土化制造基地	咨询机构合作（调研、渠道）政府支持（市场拓展）	中国中车年鉴、官网、搜狐 e车轨道交通资讯
并购 IF	争夺海外市场；技术、市场、销售渠道、生产资质（资源）弥补技术短板，缩短国际化进程	中车并购福斯罗 2008英国丹尼克斯 2011澳大利亚代尔克 2013德国（E+M） 2014德国（BOGE） 2015英国（SMD）	国外企业	中国经营网
唐车与大学研发合作（UI）	合作方向有市场调研，工业设计，仿真计算，试验测试，研究性课题研究合作、人才培养、科技研发、成果转化（产学研深度融合）	北京交大、西南交大、中南大学、大连交大、清华大学、北京理工大学等 举例：内燃混合动力配置（2018西南交通大学）牵引传动系统设计研究（2010浙江大学）	高校	访谈获得搜狐网
政府给唐车提供的支持（IG）	资金支持 对接合作 平台搭建	1.A政府每年有科技立项，研究经费支持 2.A首台套项目返回费用 3.新研制的车政府给一些保险金额，返回公司	政府	访谈获得

3 四螺旋模型及演化理论框架构建

第三，案例分析发现。

一是中车集团合作的国外组织及形式。

对表3.5的内容进一步整理概括，先将其合作的国外组织情况进行整理分析，得出以企业为节点合作的国外组织如图3.4所示，包含了国外的企业、大学、研发机构以及各级政府。这也进一步验证了本文国外创新组织概念界定中所涵盖的范围的合理性。并从合作关系中抽取了合作的方式：研发合作、境外研发机构、并购、政府支持等。其中不同的合作形式中研发合作及境外研发机构成立是目前较为重要的方式之一。

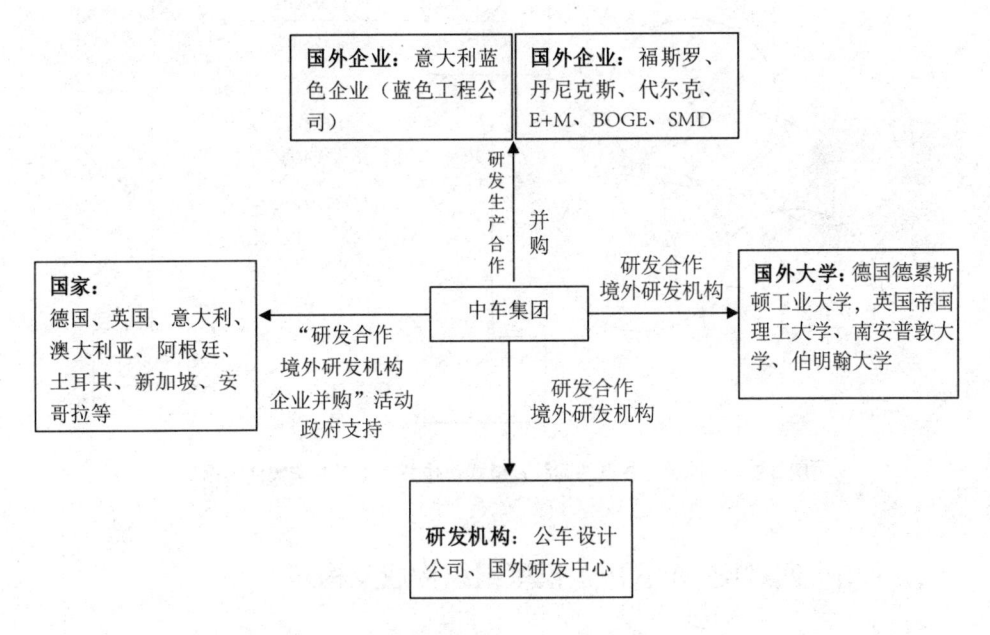

图3.4 国外创新组织构成（以中车集团为例）

二是以企业为节点的网状及链式协作关系。

协同合作关系抽取。在对事件进行分析中共抽取了IF、UI、IG、IGF、UIGF等不同维度的关系，当然分析中是以企业为核心节点，所以抽取的关系只是区域创新生态系统关系中的一小部分。从企业的角度看，与政府、研发组织、国外不同种类的组织之间都存在着二维、三维、四维的协同合作关系。据此进行推演，以研发组织为节点，以政府为节点，以国外创新组织为节点，在创新过程四个子螺旋两两之间、三维之间、四维（UIGF）之间都存在着协作关系。按照排列组合原则，二维关系包含 UI、UG、UF、IG、IF、GF；三维关系包含 UIG、UIF、IGF、UGF；四维关系为 UIGF。这些关系会在协同演化关系中进行进一步的验证。

四螺旋间关系从形式上看可以分为网状关系，如图 3.5 中左图所示，也即是二维、三维、四维网状关系，进一步对网状分析进行概括，可以发现包含了资源投入、产品生产、产品销售这一网站创新价值链的形成，从图 3.5 中右图也可以看出，国外创新组织参与了整个创新流程，国外创新组织加入四螺旋的合理性从案例角度得到了验证。

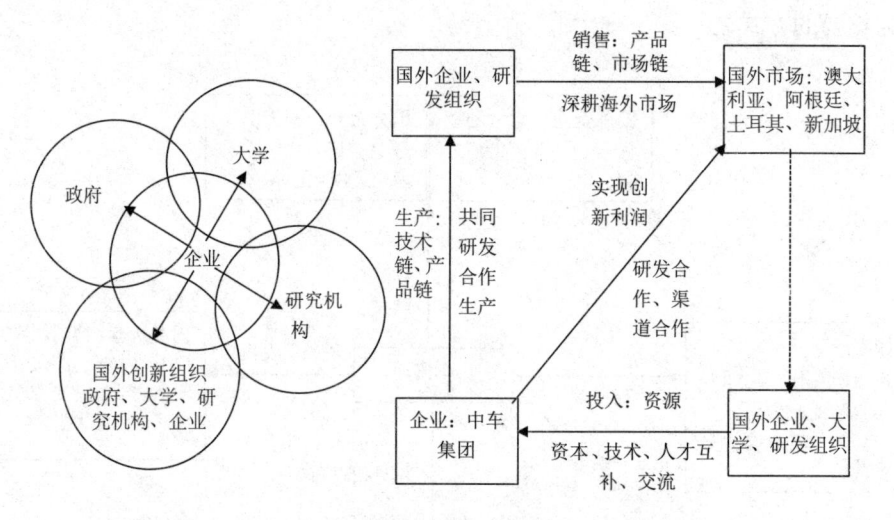

图 3.5 以企业为节点的网状及链式协作关系（以中车集团为例）

3.1.5 四螺旋（UIGF）模型组织构成及构建

3.1.5.1 四螺旋模型组织构成

中车集团的案例分析，更加明晰了国外创新组织的构成，据此对四螺旋模型的组织构成进行明确的界定。与自然生态系统结构类似，创新主体之间呈现多维空间网络。各个主体之间存在着能量流动，利用能量进行生产和研发等活动，形成一个网络链条。其具体网络关系在协同演化关系部分具体分析。在开放经济视角下，创新主体群落由四螺旋构成，具体的结构和组织形式如图 3.6 所示。

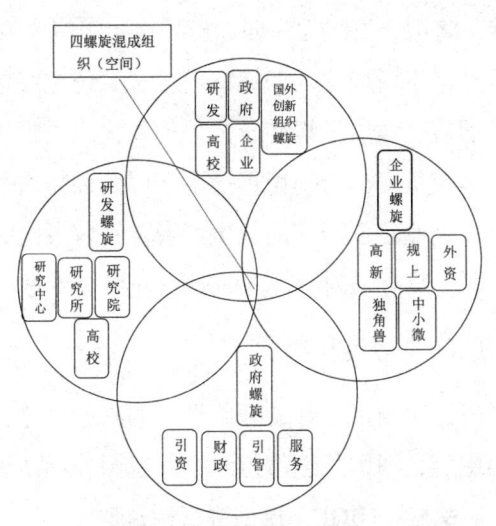

图3.6　区域创新生态系统四螺旋四螺旋组织构成

创新企业螺旋既包含区域内的创新企业，包含高新技术企业、规上企业、创新型中小微企业、独角兽企业，也包含区域内的外商投资企业，其中有中外合资企业、中外合作企业以及外商独资企业等。

政府螺旋包含科技创新有关的政府部门，如科技局、工信局、外国专家局、发改委、财政局、招商引资部门、人社局等。

研发组织螺旋包含高校、研究院、研究所、研究中心等承担研发职能的组织集合。对于研发组织，国内、国外的学者划分标准并不完全相同，国内一些学者将研发组织分为学和研，如国内关于"政产学研"的研究，国外的学者多将一些研究院划归到政府螺旋中。本文主要是综合三螺旋理论及国内研究的特点，基于大学和研发机构所承担的任务多有重合，在这里将大学和科研院所合并在一起，归为研发组织类子螺旋。

国外创新组织螺旋：开放经济下，区域创新生态系统的成员资源呈现多样性和复杂性，还包含国外创新组织。国外创新组织是一个综合组织，包含国外的高校、科研院所、创新企业。国外的创新组织除了包含传统意义上的国外的研发机构，也包含外商投资企业，国外的企业和政府，是一个复杂的组织。组织成员通过投资、合作研发、委托研发、新产品的进出口等方式融入了区域创新系统。

另外，区域创新生态系统中还包含多种形式的中介组织，一些研究中将中介组织作为子螺旋之一，另一种观点认为其属于螺旋衍生组织，本文选取了国外创新组织作为第四螺旋，将中介组织作为四螺旋的衍生组织来看。

综上所述，开放经济下所构建的四螺旋模型子系统主要包含高校及研发机构子螺旋、创新企业子螺旋、政府子螺旋、国外创新组织子螺旋。研发组织包含高校和科研机构，高等学校负责创新知识传播生产以及创新人才培养输送，科研机构负责创新知识生产；企业是创新产品的生产者、销售者同时也是创新知识的学习接受者、技术研发者；政府是创新行为的服务者和指导者。

3.1.5.2 四螺旋（UIGF）模型构建

前面的分析我们已经明晰了三螺旋到四螺旋的理论演进，并选取区域创新生态系统四螺旋的第四螺旋，即国外创新组织，并就国外创新组织的进入方式及途径进行分析，下面对四螺旋（UIGF）模型进行构建。

很多学者对三螺旋模型的创新过程和概念进行了研究，在开放经济下如何利用螺旋模型分析主体之间的协同演化关系，一些学者已经在国家层次展开了研究，利用的方法就是拓展三螺旋模型为四螺旋模型。传统的三螺旋模型包含了UIG三个主体之间的互动关系，在开放经济视角下区域创新生态系统的结构已经向外拓展，其主体除了UIG外还包含了国外创新组织（F），借鉴国家层四螺旋的模型，在区域层次区域创新生态系统对三螺旋进行拓展，构建四螺旋模型。四螺旋主体包含研发组织（U）、企业（I）、政府（G），以及国外创新组织（F），所以可以简称为UIGF四螺旋主体。四螺旋的加入并不等于简单的螺旋数量的增加，而是远超于三螺旋间的关系，是四螺旋间时空互联、协同合作，实现"增赢"的过程。

四螺旋关系的形成。企业以其对市场的敏感承担创新利润的实现职能，活跃于创新产品的生产和销售环节，是利益共享机制的核心。但与此同时，企业也需要高校为其提供创新人才，研发机构提供专业技术的任务，也需要政府提供政策支持。研发组织承担着为企业提供专业技术支持，其中的高校也是创新人才的提供者。但是其面临缺少研发资金、市场信息不完善、研发成果转化不顺畅等问题。需要与其他螺旋协作解决这些问题。政府肩负着政策资金支持、科技成果转移与监督等职能，但是要实现创新利润必须与其他螺旋间互动协作，它虽不是最核心的一环，但却是实现创新的重要保障螺旋。国外创新组织：以区域创新生态系统为核心利益主体来说，国外创新组织可以提供与其他螺旋间的研发合作；还承担资金、人才输送的职能；同时实现了外部市场拓展。但无疑国外创新组织与区域创新生态系统其他螺旋互动过程中实现了共赢和增值。四重螺旋间相互协调，形成相互交叉的四条螺旋线，如图3.7所示，他们之间紧密合作，盘根错节，弥补彼此的不足，协同推进区域创新生态系统的演化。通过上述分析也可以看出国外创新组织能提供给其他三螺旋所需的外部资金、市场，与其他螺旋展开技术合作、人才交流，与其他螺旋之间形成了协同关系，共同构成四螺旋。

国外创新组织与其他三螺旋在知识创造、技术研发及产品生产环节都会产生合作，还为企业螺旋新产品拓展外部市场，并且为实现其他螺旋提供资金、技术、人才的互动交流。所以开放经济下四螺旋模型，是指在创新环境的影响下，通过创新资源的流动，四螺旋主体"研发组织——企业——政府——国外创新组织"之间的协同演化。其所构建的关系网络既包含纵向的价值链实现，从知识到技术再到产品，也包含有形资源（人、财、产品）和无形能量（知识、技术、政策、信息）在不同螺旋间的流动，构成纵横交错的复杂螺旋结构。系统是垂直分层和水平互通的，因此其结构既包含横向的循环互动，也包含纵向层级变化。

四螺旋模型横向结构如图3.7左图所示，为四螺旋（横截面）结构图，参考金潇明（2010）[69]产业集群知识共享结构模型绘制。国外创新组织与研发组织、企业、政府形成彼此重叠又相对独立的四股螺旋，中间区域四螺旋混成组织（区域），表示四螺旋间互动形成的协同区域，四边网络结构。周春彦、亨利·埃茨科威兹提出螺旋之间的关系可以用"内核外场"来进行描述，区域创新生态系统四螺旋中内核为四螺旋独立的职能与身份地位的区域，在此区域之外为螺旋之间外部联系的"外场"，在外场中螺旋之间通过不同的路径彼此互联互通。外场的强弱可以表明四螺旋间的耦合协调程度。四螺旋之间的外场主要通过资金、技术、人才、产品等要素互联互通。因此从这一视角来看，可以将区域创新生态系统看成内核外场四螺旋结构。

四螺旋之间协同区域的形成。一个开放的系统一般包含物质流、能量流和信息流。区域创新生态系统作为一个开放的系统，四螺旋之间并不是孤立的，彼此之间通过知识技术流动、人才流动、信息流动以及政府的政策制度流动联系起来，大学和科研院所作为研发组织将知识技术输入到企业，政府通过政策、财政等方面将资金、政策等流入到企业中，企业和研发组织又将信息反馈给政府，有助于政府制定政策。国外创新组织和其他区域创新主体一起致力于前沿知识技术的研发，再将知识技术输送给企业。研发组织中的大学又将人才输送到企业、研发组织、政府以及高校本身等各个主体，与此同时，国外组织也与区域内的主体间存在人员、信息、资金的流动。

四螺旋模型纵向关系如图3.7右图所示，是在Leydesdorff三螺旋模型图的基础上延伸拓展绘制的，四螺旋模型除了左边的横截面结构，还包含了四螺旋纵向的结构关系，主要从两个层次来阐述。第一个层次是从知识到技术再到产品创新价值链的推进。知识技术创造进程中处在核心地位的是研发组织，在这一进程中区域内的研发组合会与境外研发组织互动合作产生协同关系；产品生产过程中企业作为产品的生产者处于核心地位，在技术到产品这一价值链的实现中，也会与国外创新组织进行研发、生产合作。第二个层次是纵向的演化。随着时间的推移，区域创新生态系统的演化是指随着时间的推移，异质性主体网络在各种驱动力的共同作用下演变进化的过程。这些异质性的演化主体会成长、合并、扩大、分裂、收缩或者死亡，形成新的创新群落。开放经济下表现为从三螺旋到四螺旋，创新群落更为复杂、多元化。除了创新组织的优化，创新资源和创新环境都会发生改变。

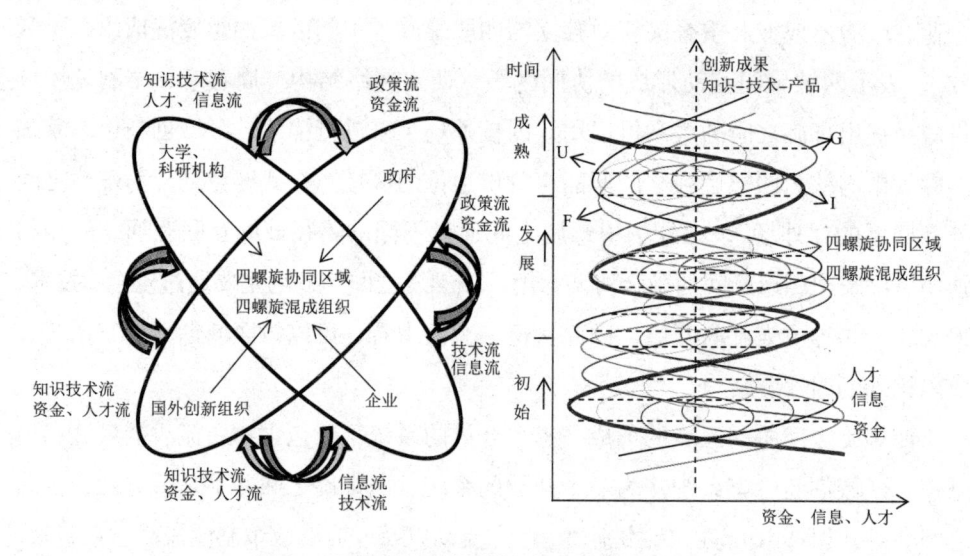

图3.7 区域创新生态系统四螺旋模型结构组合图

在开放经济视角下，外来的物质和能量会推动区域创新生态系统朝着有序的状态演化，四螺旋子系统之间会产生协同效应。在动力机制的作用下，当系统达到一定的阈值，"微涨落"就会放大成"巨涨落"，推动区域创新生态系统进入新的发展阶段。演化的最终结果是创新群落进化、资源愈加丰富、环境持续优化。演化状态随着时间经历从初始阶段到成熟阶段的演变。

3.2 理论框架构建

3.2.1 区域创新生态系统四螺旋演化概念

对开放经济视角下区域创新生态系统四螺旋演化的概念界定，主要借鉴并类比了自然生态系统以及生物系统的演化。生物学的创始人拉马克是演化科学理论的提出者，在生物学中用来表述种群的遗传基因在世代交替中的变化。基因突变会改变原性状或者有新的性状出现，这种变化就是我们所说的变异。新的性状会由于迁移或者物种间的基因转移而在种群中传递。自然选择（非随机）或者是遗传漂变（随机）会对这种基因变异产生影响，当这种新性状在种群中变得较为普遍时，就发生了演化。

根据自然生态系统演化相类比，得出了区域创新生态系统四螺旋演化的主体、边界、演化历程以及演化结果等内容，如表3.6所示。通过类比得出创新系统中创新主体为异质性群体，异质性结构影响创新主体的决策的科学性和效率性。开放经济视角下演化的提出，主要是基于创新主体的异质性。创新系统中创新主体为异质性群体，异质性结构对创新主体的决策的科学性和效率性产生影响。所以系统的开放性应该包含区域内的主体和区域外的主体，国际创新主体与区域内创新主体异质性更强，因此对区域创新影响非常大。自然界中关键基因的变化会导致新物种迅速形成并大量繁殖，之后再恢复平衡。与自然生物系统的演化相类比，区域创新生态系统的驱动力中也势必有一种驱动力作为关键动力影响最终驱动系统的演化。

表 3.6 区域创新生态系统四螺旋演化与自然生态（生物）系统演化类比

项目类别	生态（生物）系统演化	区域创新生态系统四螺旋演化
主体	本地区物种的形成 异域性物种形成（杂物种）	区域内创新主体 国际创新主体
边界	地理隔离 地域边界	区域性 阈值，通则
演化类型	微演化：基因小范围变化 广演化：长时期的演化过程	微演化（短期状态）：三阶段 广演化（长期演化）：二状态（低阶、高阶状态）
演化历程	正过渡状态（增长）；稳定状态；负过渡状态（衰退） 理论：渐变论、跃进论	初始，发展，成熟
演化结果	适应 物种形成 灭绝	创新环境改善 创新资源优化 创新主体进化 通则的形成 新知识、新技术、新产品

区域创新生态系统是通过自然界中的自然生态系统发展延伸而来，将自然生态系统中的生态种群进化、协同进化、生态系统演化等概念引入区域创新生态系统的演化中。开放经济视角下区域创新生态系统的演化从边界上来说突破了企业和区域双重边界，从主体上来说从原来的三螺旋主体拓展到四螺旋主体，创新网络向外部延伸，具有超本地化和开放性特征，因此在演化过程中，可以与外界进行能量的交换。区域创新生态系统四螺旋演化概念模型如图 3.8 所示。本文主要从几个层次来定义区域创新生态系统演化概念，即演化目标、演化主体、演化过程中创新行为及演化动力。

区域创新生态系统的演化的目标是区域创新生态系统更有序、更高效、更健康。最终成果为知识存量增加（也包括有关人类、文化和社会的知识），新应用技术、新产品的产出。通过这一目标的实现可以获取更高的创新利润。演化主体的四个子螺旋，即企业、高校及科研院所、政府以及国外研发组织，这些主体之间协同演化，四主体之间协作互动形成良好的创新网络，在创新利润的驱使下以企业为核心进行创新活动。演化过程中创新活动包括基础研究、应用研究和新产品生产。创新活动可以从五个方面进行衡量即新颖性、创造性、不确定性、系统性、可转移性（可复制性）。在演化的过程中通过知识、技术、信息和资源的流动形成创新链条，能量在各个主体之间流动。

基于概念模型，区域创新生态系统的演化过程包含四螺旋演化主体与创新环境之间的互动，受动力驱动从微涨落到巨涨落，向下个演化阶段演进。因此初步将区域创新生态系统演化的研究内容界定为协同演化关系及演化动力。

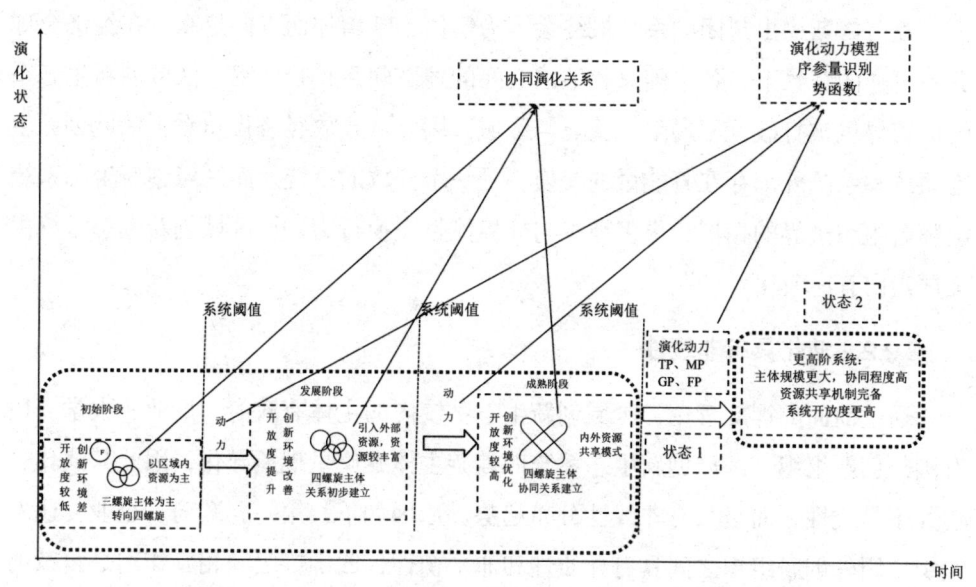

图 3.8 区域创新生态系统四螺旋演化概念及研究内容设定示意图

3.2.2 区域创新生态系统四螺旋演化特征

生态系统是一个包含了时间和空间维度的复杂系统，与时间和空间相连，因此具有动态演化的功能。区域创新生态系统作为一个开放的系统，与外界进行物质和能量的交换，随着能量的交换累积到一定程度，会远离当前的平衡状态，具有涨落有序的特点，但最终又会不断朝着有序方向转换直至再次实现平衡状态。基于区域创新生态系统演化过程中的创新活动、创新网络以及主体关系，将演化的特征总结如下：一是系统具有开放性，二是演化具有非线性，三是远离平衡状态，四是演化有涨有落。

3.2.2.1 开放性

自然生态系统是一个开放的系统，具有自我调控能力，通过能量的输入和输出不断与外界进行能量交换。与此类似区域创新生态系统是一个开放的系统，主体和外界之间存在着创新能源的交换和环境的影响。区域创新系统主体不断适应环境的变化进行适当的调整，同时输出能量主动地改善创新环境，与周围环境之间相互适应并相互影响，其创新行为既会影响到周围的环境，也会通过反馈机制受到来自周围环境的影响。

克劳修斯提出封闭的系统最终会因为熵值不断增加而走向热寂。在经济全球化不可逆的背景下，各个国家和地区之间的经济联系日趋紧密。区域创新生态系统的边界也被打破，不局限于企业与区域；因此从开放经济视角看，区域创新生态系统和系统外部存在着能量的交换，是一个开放的系统。而区域创新生态系统会随着组织边界的拓展，更多地参与外界能量交换行为，让区域创新生态系统由无序走向有序演化。

3.2.2.2 演化具有非线性

通过前面的螺旋理论，区域创新生态系统内的主体有政府、产业、大学，还有国外创新组织。区域创新生态系统四螺旋主体螺旋呈现差异化，因此其演化过程并不是线性，而是具有非线性分布趋势。原因如下：第一，政府、企业、研发组织、国外创新组织之间具有异质性和非平衡性，四螺旋之间相互作用是复杂的不确定的，这种作用也是非线性演化的原因；第二，主体之间在区域创新生态系统内还会存在共生、捕食、合作等各种不确定关系，这种关系也决定了演化过程是非线性的。

3.2.2.3 远离平衡状态

系统远离平衡状态是由子系统之间的差异性决定的，区域创新生态系统中各个子系统的资源禀赋以及承担职能都存在很大的差异性。区域创新生态系统内主体之间存在着差异性，这种差异性决定了区域创新生态系统是远离平衡状态的。

大学、政府、产业、国外创新组织四个子系统之间的资源禀赋和承担职能都存在着很大的差异性，在创新的不同阶段起决定作用的主体也不同，如在基础研究阶段，大学和科研院所承担着科技知识的创新职能，起主导作用，而在产品开发阶段，起作用的主体又转为企业。四个螺旋之间的差异性和协同关系推动区域创新生态系统从平衡状态向非平衡状态演化。

3.2.2.4 有涨有落

系统状态的涨与落是正常的波动，是系统同一发展演化过程中的差异，也是对系统平均的、稳定的状态偏离，完全没有涨落只存在于理想状态下。具体而言，区域创新系统在演化过程中有涨有落，包含创新过程中高校、科研院所、企业、政府及国外创新组织这五个创新系统主体规模的变化和整个系统的升级，以及外部资源环境、经济环境、政府支持和市场环境等的持续变化，会影响到系统围绕某一定值上下摆动。系统的演化就是从微涨落累积到巨涨落的过程。

综上所述，区域创新系统的形成是一个从旧状态到新状态的自组织演变过程，系统的各个部分和各个因素各自对系统有着影响，且影响是不平衡的、存在差异的。符合自组织的四个特征。

3.2.3 区域创新生态系统四螺旋协同演化路径

区域创新生态系统四螺旋演化路径其实是四螺旋间的协同演化路径。四螺旋主体间通过资金链、技术链、人才链、政策链等创新链条相联通，与区域内的产业链交织在一起，彼此间相互交流沟通，在演化过程中彼此相互影响，形成了协同演化关系。通过协同演化关系的建立区域创新生态系统演化更具效率，通过资源共享降低创新成本，通过技术共享创造出大量的创新成果，通过主体间协同演化关系促进创新绩效的提高。同时，通过协同实现产业链和创新链的融合，推动区域创新生态系统向更高阶状态演化。

以牛顿力学为起源的螺旋理论是用来分析事物或系统运动力学的理论，螺旋的运动是水平移动和纵向转动协同综合。区域创新生态系统核心演化路径如图3.9所示。

在区域内以大学和研究机构为中心发源地，首先产生知识创新，之后通过知识的转移（溢出）和企业进行连接，把知识创新转为技术创新，之后再进行产品的生产，最后到市场中进行销售，实现了最终的创新利润。所以其路径可以分为知识创新、技术创新和产品创新。螺旋间的异质性有效促进了螺旋间的知识、技术、信息、资源的横向流动，因此其协同演化路径既包含了四螺旋主体间横向的演化路径，也包含了纵向的螺旋式提升演化路径，纵横交织，共同构成了区域创新生态系统四螺旋的演化路径。主要从横向和纵向演化路径进行分析：既包含信息、资金、人才、技术在四螺旋之间横向流动路径，也包含纵向演化路径，纵向路径是指从基础知识的创造到应用技术的研发、试验研究，之后是新产品试制并生产，最终新产品进入市场[70]。

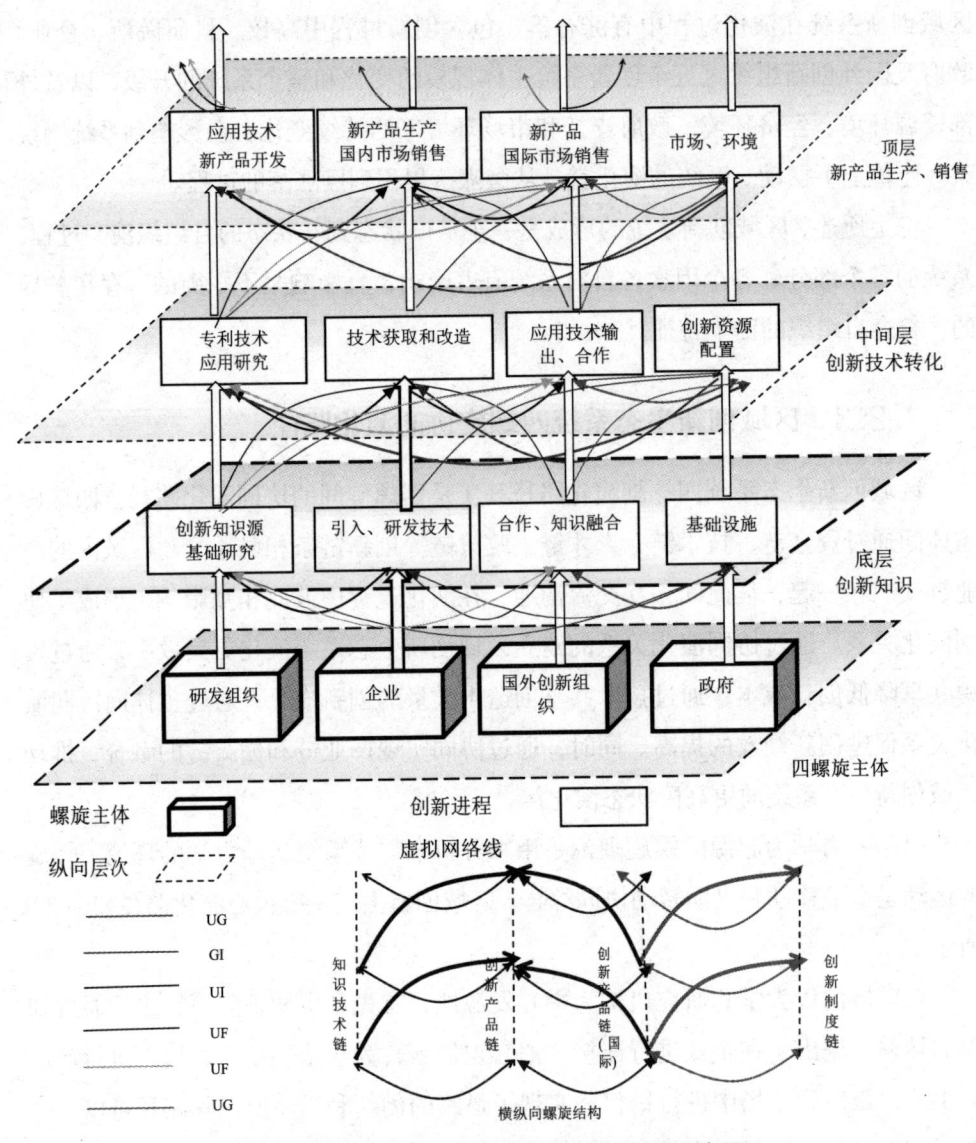

图 3.9 区域创新生态系统四螺旋演化路径示意图

3.2.3.1 纵向演化路径

纵向演化路径划分主要依据创新价值链理论来进行，基于创新价值链创新进程从知识创造，再到技术研发，然后到创新产品生产，最后是产品销售实现创新利润。据此将纵向演化路径划分为四条，如图3.9所示。从左到右来看，第一条是以研发组织为主体的知识创造到技术研发路径；第二条是以企业为主体的国内市场为导向的产品路径；第三条是以国外创新组织为主体，国际市场为导向的创新产品路径；第四条是政策制度路径，政策制度路径为支持路径。其中第二条、第三条是产品路径，所以共同分析。

纵向路径之一：创新知识技术纵向演化路径。

这条路径的纵向演化方向遵循了从基础研究到应用研究，再到开发研究的进程。先是以原理和理论研究为研究对象的创新知识源产生，然后以创新知识源为基础进行专利技术的研发，再到企业所需新技术、新方法的应用技术。

知识技术创新纵向协同演化动力，是指区域创新知识体系中围绕着大学并在各主体之间形成的知识创造、转移和转化的过程，其建立起来得益于三个方面。

第一，知识创新协同关系建立的基础是构建起知识创造、转移和共享的途径。研发型企业也是区域创新系统中的知识创造源，可以直接提供企业自有知识。当然，相比于来自大学渠道的公有知识，研发型企业的知识更注重保密，流通性也比较差，其与中介机构建立联系的方式主要是专利。政府则承担着区域创新系统内知识采集与管理的职责，并构建和维护好知识共享和转移渠道。比如，建立科技成果交流平台，为企业孵化器提供环境，大学不仅可以通过这些渠道向外传递知识，也可以在与孵化器互动中获得信息和资金，反过来推动新知识的创造。

第二，知识技术创新协同演化关系建立的保障是创新人才素质的提升和流动。大学根据区域创新规划和企业用人需求，适时调整教学体系和人才培养模式，既可丰富教学实践、企业实习等环节，推进校企联合培养，促进学生实践能力的提升，也可鼓励大学专职教师和企业技术负责人的双师型教学模式，培养实践与理论并重的优秀创新人才。同时，大学和企业可建立人才交流机制，打破单位之间的界限，鼓励创新人才的正式与临时流动，打造联合科研团队，实现知识和人才共享。

第三，建立技术创新协同演化关系的目的在于构建技术创新的传动机制，通过形成以企业为核心的技术转移和扩散体系，推动新技术、新工艺、新产品的开发与利用，以获取更大的经济效益，促进区域创新系统竞争力的提升，最终实现区域创新的技术创新目标。技术创新联盟是技术创新协同最主要的途径，如果只是企业自身进行技术创新，对新技术、新产品的高要求难以令人满意，还需与其他创新主体进行协同。在这个过程中，大学与企业之间形成了知识供求和利益分配关系，也是将知识创新转化为技术创新协同的同盟关系和商业联系，以实现共赢、降低交易成本。通常情况下，二者合作途径表现为：通用技术或非核心技术的研发，企业通过和大学签订合作，委托其进行技术创新；尖端、重大技术的创新，企业与大学签订合作，双方共同投入人力、技术、资金，以项目合作形式进行。同时，企业也需要向政府争取更多更大的政策支持，以创造更好的外部竞争优势。考虑到一些新技术的产生和运用需要用到大型或新型技术设备的支撑，但区域创新系统内的大多数中小企业无力承担大型设备的采购所需，而拥有大型设备的大型企业、大学却经常会出现大型技术设备的闲置，可以制定相应的共享管理办法，既满足相关企业的使用需求，也有助于扩散相关技术。

纵向路径之二：创新产品——国内、国际市场为导向的纵向演化路径。

创新产品的产生离不开市场的需求。这条路径是以企业为主体，以国内、国际市场的需求为终点或动力，企业在进行生产之前会对市场进行调研，也会受到市场购买能力的影响。通过对市场调研制订新产品的研发计划，通过新产品对接技术研发，技术研发可以通过研究院所、高校以及企业的研发部门进行。在对接的过程中可能会出现技术的研发不能满足企业需要的技术情况，会导致技术转化存在问题。这就需要政府促进技术转化。通过以上分析可以看出这条路径是企业为主体，与研发组织、政府以及国外创新组织一起合作的进程，可以看出四螺旋协同演化的路径。

创新产品，国际市场为导向的纵向演化路径。在前面文献梳理过程中，我们已经发现开放式创新模式下企业的创新产品市场已经从内部拓展到外部，在开放经济视角下，也从国内市场拓展到国际市场。这条路径以国外创新组织为主体。这条路径一般来说先要了解国际市场的需求，企业会根据市场的需求去研发国际市场需要的新产品，再根据新产品需要的技术引进新技术，新技术的引进路径也包含了国外引进和委托研发等方式，新技术的研发以创新知识源为基础，只有在创新知识的基础上，才有创新技术的产生。创新知识也包含和国外的合作以及知识融合。

纵向路径之三：创新制度纵向演化路径。

制度创新协同演化关系是指在区域协同演化中，以政府为主导，带动大学和企业共同参与制度创新，为整个系统的各个主体间知识和技术创新协同提供保障和助力。具体做法是政府制定公共政策，使企业的私人创新产品和大学的公共创新产品实现制度性契合。一方面，政府通过明确的区域战略定位，规划实施和出台优惠政策，为企业和大学提供创新空间。另一方面，政府通过提供各类创新基金、项目经费、税收减免政策、政府采购项目等，引导大学、企业和孵化器等开展合作，同时运用金融和财政等调控手段，引导社会资金向孵化中的科技项目、科技企业集聚。与此同时，大学主动顺应市场和社会需求，科学设置学科和培养方式，企业通过制度创新调整企业的组织结构，优化整合内外部资源，进一步提高资源利用效率，更好地适应市场变化需求。这其中的关键之处在于要在政府的引导下，四大主体应建立几项制度，推动知识和技术创新协同。一是成果转化制度。建立有助于成果转化的制度，明确创新成果知识产权，保障开发者的经济利益。建立信息交流沟通制度，以技术转移中心、创新成果交流会等形式，为成果的开发者与利用者搭建沟通平台。建立成果转化资助制度，以基金和风险投资资金的形式，减少成果转化面临的责任风险。二是利益分配制度。在区域协同演化系统中，要坚持各参与主体根据贡献大小进行利益分配，并通过合同形式予以确诊。政府和中介服务机构也应建立利益分配的监督制度，政府还应建立科技成果定价、评估队伍建设和监督举报相关制度。三是项目评价制度。重点是建立反映协同演化运作效率和运作成果的评价指标体系，以方便发现协同演化中存在的问题以及后续的相关调整。建立人员评价制度，方便对人才利益的分配，激励科研人员坚持市场导向开展创新和成果转化。

3.2.3.2 横向循环路径

横向演化路径主要是基于UIGF之间协同演化要素的横向流动。在四螺旋主体间横向流动的要素包含：资金、人才、知识技术、政策、信息等。如图3.10所示，创新资源在四螺旋主体间横向流动主要包含人才、信息、技术、知识、资金和政策等要素的流动和扩散，这些资源主要分为人才、资金、信息技术政策三个层次，通过这些要素横向流动将创新主体联系在一起，形成协同效应。

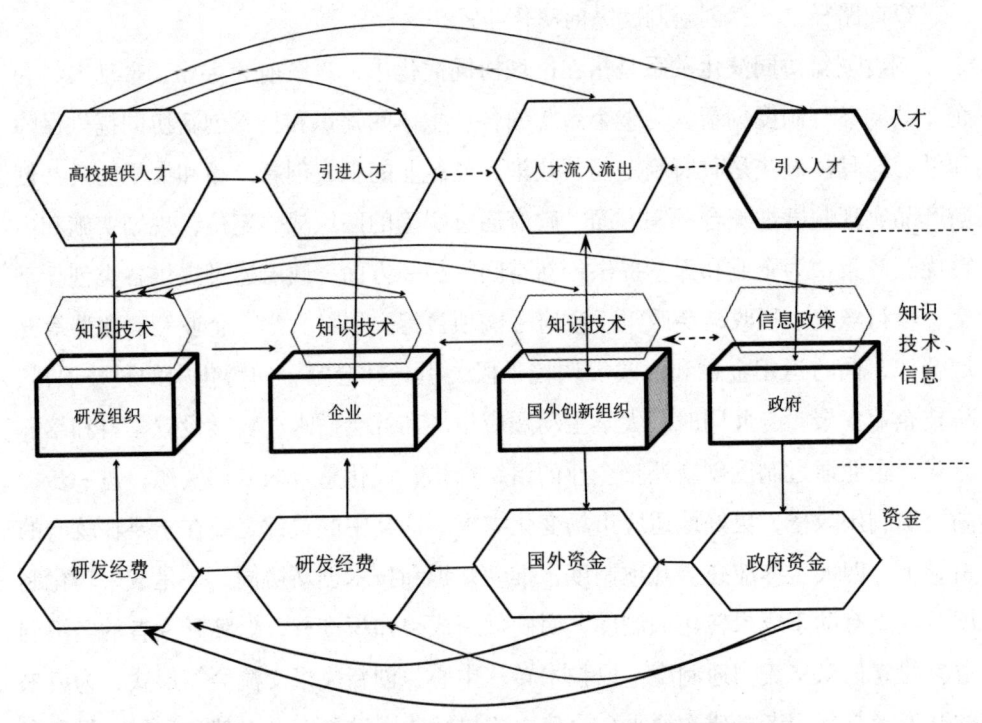

图 3.10 区域创新生态系统四螺旋横向协同演化路径示意图

3.2.3.2.1 人才流动

人才的横向流动路径以高校或国外创新组织为主体。高校和国外创新组织是人才的提供者，高校和国外研发组织人才在研发组织、企业、政府或者国外创新组织中流动。在四螺旋的协同演化过程中，其人才资源的自由流动是促成其协同演化的重要条件。人才资源是区域创新生态系统中流动最快、最灵活的资源，在四螺旋主体中输入输出。

一方面，大学这一螺旋是人才的培养和孕育者，人才从大学输出后，流入到四螺旋中，成为四螺旋主体中的一员，从事各类创新活动，如研发、生产、销售以及决策等。所以，人才是四螺旋协同演化的至关重要的要素。另一方面，在开放经济下，除了高校作为人才的提供者，国外研发组织中的人才也会流入到高校、研究院所或者企业等螺旋中，国外创新组织的人才的异质性也加快了四螺旋协同演化的进程。如外派人员、留学归国人员等。

3.2.3.2.2 政策信息、知识技术流动

在整个协同演化全过程，信息的有效沟通和交流都是至关重要的，这也是促

进螺旋创新系统发展的重要基础。在创新系统四个创新主体中，政府在宏观调控和决策的过程中可以掌握政策信息，大学知识储量丰富且对学科最前沿的发展动态十分关注，从而有助于其保证创新系统的正确方向，而企业的优势是贴近客户和市场，通过捕捉客户需求和市场趋势可以成为市场信息的源头，推动着企业科技创新。在互联网时代，借助互联网平台，来自政府的政策与资金信息、大学的前沿知识信息、企业的市场需求信息可以快速交流与流动，成为创新系统发展的驱动力。

政策信息横向流动主要体现在政府针对创新系统的政策资源输出，比如资金支持、税收优惠、法律法规、项目扶持以及建立相应的信息网络平台等。企业和大学可以根据政府的政策导向对科技创新方向和创新目标进行调整。政府对不断出现的创新成果进行评估，反过来考量政策效果，并为下一步的政策制定提供依据。这种政策流动下，不仅企业和大学有收获，政府也可以获得新的税收资源和新的经济增长点，并且对经济社会还有着很好的示范效应，以及技术和知识的溢出效应，有助于创新系统的良性循环。

在开放经济下，信息流动既包含内部信息也包含外部信息，政府的政策信息也会流动到国外创新组织，如一些招商政策会吸引外商投资企业进入创新生态系统，技术转化平台的建立有助于引入国外的技术、产品研发合作等。

知识横向流动：大学是知识产生的主要力量，这得益于其拥有丰富的科研人才和知识储量，同时还有着先进的技术设备。大学通过召开学术研讨会、发表学术论文引导着显性知识的流动。创新思维、经营理念等与创新人才密切相关的隐性知识流动，则主要依靠人才的流动来实现。国外创新组织会与研发组织合作进行知识合作，如异国合作论文。

技术横向流动：大学开展的研究过程是知识资源的创造过程，在其进行应用研究时基础知识转化为应用技术，通过技术转让、创建衍生企业、申请专利等形式推动技术进行流动。企业背靠市场且拥有将技术成果产业化的能力，在一些专业领域集聚了技术资源，其在技术创新过程中也会产生技术溢出，溢出的技术资源最终会注入产业链上的上下游创新企业，从而实现技术产业化。在开放经济下企业通过技术引进和产品研发合作等方式引入技术。

3.2.3.2.3 资金流动

研发资金的来源包括政府、企业以及国外创新组织等。其流动路径主要包括：政府的研发资金流动，政府会将研发经费分配到研发组织和企业等主体中用于技术研发；政府拥有公共科技创新资金的分配权利，特别是在关系国计民生和国防军事，以及资金投入巨大、风险较高的科研项目上，真正敢投资的也只有政府。因此，政府需要对当前经济社会中急需解决的问题有整体把握，对科研立项科学计划、周密考核、科学评估，以确定资金的投向，确保投资项目真正能够产生预想的经济效益和社会效益。研发资金也会通过投资、合作、委托等方式从国外创新组织流入到企业和研发组织中。此外，研发资金会通过企业与研发组织合作形式，从企业流动到研发组织和国外创新组织中。企业在利润最大化的追求导向下，需要对科技创新进行资金投入，在协同演化中，这些资金会流向其他企业或者是大学或者是国外研发组织。为了加速资金的流动，政府、企业、大学、国外创新组织等合作主体可以在协同演化项目中引入风险投资，弥补资金的短缺，保证充足资金投入。

3.3 本章小结

在这一章中首先对国外创新组织概念进行界定，并构建了四螺旋模型，通过分析进一步明晰了开放经济下国外创新组织参与区域创新生态系统的整个演化过程方式及路径。其次，界定了区域创新生态系统四螺旋的概念，并对其结构进行剖析，包含创新主体、创新环境两大子系统，其中创新主体为四螺旋主体结构。也从理论角度说明开放经济对于区域创新生态系统演化的影响，阐明了开放经济视角下区域创新生态系统演化研究的理论意义。再次，基于演化目标、演化主体、演化过程中的创新行为及演化特征几个层次明确了区域创新生态系统演化的概念。最后，通过整个区域创新生态系统演化的过程以及演化的概念，结合相关文献构建区域创新生态系统四螺旋演化理论框架，包含协同演化关系、演化动力等部分。

区域创新生态系统结构不同视角的选取为后面章节理论构建打下基础。两种不同视角，一种将区域创新生态系统分为创新主体、创新环境，另一种从创新主体角度分为四螺旋主体。本文在对区域创新生态系统综合评价进行理论模型构建时，选取的角度为第一种，并对其进行延伸，将指标体系建立在创新群落、创新资源、创新绩效、创新环境以及系统的开放度这五个维度。在进行协同演化关系理论模型构建时，以四螺旋主体对指标体系进行了重新归类，以便进行四螺旋协同关系的衡量。

4 四螺旋协同演化关系构建及实证研究

在四螺旋模型构建时,我们已经就国外创新组织进入区域创新生态系统方式及路径进行了具体的分析,从理论层面阐明四螺旋模型构建的合理性。在这里进一步对四螺旋协同目标及原则、四螺旋职能及协同关系网络进行了理论模型构建。四螺旋之间在资金层、新产品生产及销售层、人才交流层都有协同合作关系,因此构建指标体系是基于多元协同关系这一基础上的。构建 UIGF 四个子螺旋之间不同维度的协同演化关系。在实证方法上选取了耦合协调度方法,实现协同关系的多层次性。

4.1 协同演化关系模型构建

4.1.1 协同及协同演化相关理论基础

4.1.1.1 协同学理论

协同学理论是 20 世纪 70 年代赫尔曼·哈肯(Hermann Haken)利用统计学、力学的观点建立起来的[71]。主要内容是一个系统在远离平衡的状态下,其演化过程是从无序的状态演进到有序的状态,在这个演进的临界点,不同变量作用方式各不相同,有些变量运动阻力较大,其衰减的速度就会相对较快,所以对于整个系统在临界点推动作用就会比较小。与此同时,还有一些变量的阻力相对较小,导致其衰减速度慢,被称为慢弛豫参量,也叫序参量,在系统临界演变过程中起主导作用。这两种类别的变量同时存在于系统中,相互作用,相互竞争,也相互影响联系。

协同学理论以系统中各个子系统或者要素之间的协同作用关系为主要研究对象，该理论认为在开放系统的自组织演化中，内部要素之间的相互作用与协调才是演化的本质，正是这种关系才推动着系统从无序向有序演化。协同学理论原理与基本概念包括了伺服原理、序参量、控制参量、协同效应等。

哈肯指出协同学理论的核心原理有三个，即不稳定性原理、序参量原理、支配原理。协同学理论研究的就是开放系统从一种无序结构演变成有序结构。系统的不稳定状态代表了变革的或是破坏性的因素与趋势，不稳定性是积极的革命性因素，当已有的模式或是框架不利于系统发展时，更需要积极的变革力量把系统推向不稳定，为新的模式和框架出现提供条件，进而推动系统向前发展，这就是不稳定性原理。支配原理则也被称为伺服原理或是役使原理，其核心思想是指系统内部的各个子系统、因素、参量的性质对系统有着不同的影响，在各个不同阶段的表现也是各不相同的。在未接近临界状态时，这些系统的不平衡、差异会处于被压抑被约束状态，而在进入临界状态时，这些不平衡和差异就会暴露出来，系统内的慢变量与快变量区别也会体现出来，对整个系统的协同演化发挥作用。序参量原理是为描述系统标志系统相变和系统整体行为而引入的宏观状态参量，序参量源于系统内的协同与竞争。正是协同过程中形成的序参量，在系统从无序向有序的发展过程中发挥了主要作用。

4.1.1.2 协同及协同演化理论

4.1.1.2.1 协同演化理论演变过程

在我国协同的思想源于古代儒家的"中庸"以及"调和"等概念。国外的协同演化理论作为区域内创新主体协作创新的重要理论依据，在1971年由哈肯提出，指的是各个子系统通过配合、协作和共同的行为，进而产生1加1大于2的协同效应。20世纪80年代后，协同的概念和思想越来越多地被应用到创新系统理论的研究范围，学者们基于协同演化角度，对创新系统中的政府、大学、产业、科技中介等组织的合作创新进行研究。我国自2011年开始，大力倡导政产学研合作，提出要推进协同演化模式，有关这方面的研究开始井喷式涌现，国内学者逐步将协同演化理论作为创新研究的主流。何郁冰（2012）阐述了协同演化的理论发展路径，运用前人的研究成果，对协同演化研究的架构进行了重新构建，并提出战略层面、知识层面和组织层面的协同演化理论模型[72]。此后，在学者研究成果上，国内协同演化研究开始走向成熟。比如，研究对象从强调产业的核心地位开始向政府、高校、科研院所等多主体的协同演化，研究方法从纯理论研究入手，以实证研究为主，研究角度从宏观研究转向微观的创新网络研究。

4.1.1.2.2 协同和协同演化概念及分类

协同概念。协同是各个子系统彼此之间存在共同的目标，并为了实现这一目标相互配合、协调，彼此促进，子系统间这种配合、协调的关系就是协同。协同不同于合作，比合作层次更深，会产生比合作更大的效应。

协同演化概念。在生物学中，协同演化是指两个或多个生物物种，彼此间不存在亲缘关系，但在演化的进程中彼此相互影响，一项生物的性质、演化方向、速率等会随着另一种生物的变化而变化。作为最初将协同演化概念运用到文化、经济等领域的学者之一的 Norgaard（1985）提出了协同演化的过程是根植在经济社会系统中的，包含了环境、组织以及知识、价值、技术等子系统的动态反馈关系。Jouhtio（2006）提出协同演化的概念，他认为物种间的相互关系包含共生、共栖以及竞争，而协同演化就是两个或多个物种间随着时间的推移持续演化，不同物种间的演化轨迹相互交织并相互适应、相互影响。

协同演化理论适用于对复杂动态系统演化进程进行分析，协同演化是区域创新生态系统运行的最终总趋势。区域创新生态系统协同演化是指各个创新主体在利益共享、风险共担、协同合作的基本原则下，对区域创新资源进行科学的整合，实现各个创新主体的优势互补与协同，推动创新效能的提升，实现从量变的积累到质变的演进。

按照协同演化主动者进行分类，可以分为单主导型、共同主导型、无主导型协同演化。顾名思义，单主导型就是指演化过程中由一个主体来主导，这个主体在规模、决策权或其他方面具有主导系统演化方向的能力，在协同演化过程中的作用和影响超越其他主体。共同主导型是指演化过程中两个主体共同主导的模式，在区域创新生态系统演化过程中，可以看成四螺旋中的两个或两个以上子螺旋共同主导协同演化过程。如果在演化过程中存在三个主体共同主导系统演化，因其主体间关系的复杂性，也被称为无主导型。如在区域创新生态系统演化过程中，可以看成四螺旋中的三个或四个子螺旋共同主导协同演化过程。

4.1.2 四螺旋职能及协同演化关系

4.1.2.1 国外创新组织子螺旋职能及协同演化关系

4.1.2.1.1 国外创新组织职能

第一，技术研发职能。

研发合作职能，基于知识差距的国外创新组织子螺旋也在四螺旋中承担着重要研发合作职能。与省域内和省域间科研合作相比，国际科研合作更多是放在前沿研究和基础研究，主要是欠发达区域在这两个领域研究上的弱势非常突出，与发达国家有着相当大的知识差距。Fagerberg（1987）认为，技术差距，让欠发达地区更有动力吸收发达国家的先进知识[73]。Asheima 和 Coenen（2005）也指出，仅仅依靠本地化的知识和区域的专业化对区域竞争力提升的效果难以令人满意，需要突破区域限制获取世界前沿的新知识和新技术才能实现突破性创新[74]。也有学者持相反的观点，如 Arza（2010）以南美国家为例的研究则认为，地区间的技术差距，会抑制欠发达地区技术吸收的效果，对前沿知识的跟进也非常困难[75]。国际合作子螺旋知识传递的过程如图 4.1 所示。

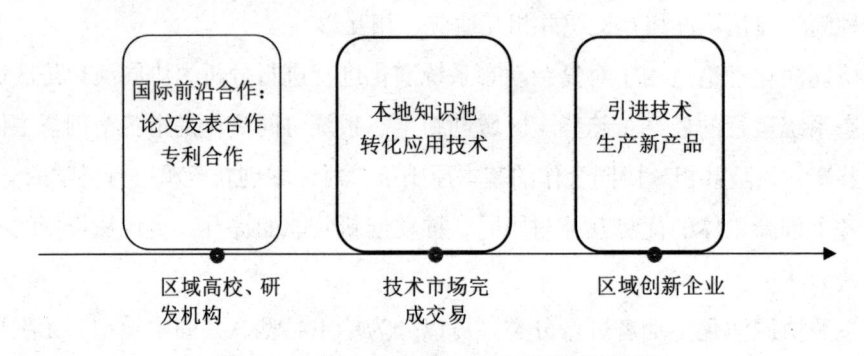

图 4.1 国际合作子螺旋知识传递流程示意图

通过国际合作的方式，合作的方式包括合著的论文和合作的专利等。这些前沿知识汇入本地知识池，在下一阶段传递到技术市场，和企业完成交易，企业运用新技术生产新产品，并最终销售，完成创新知识转化过程，促进区域创新生态系统的演化。

第二，资金、人才输送职能。

资金提供和使用职能。在研发合作过程中也包含了资金和人才的流动。本文从中国各地区实际出发，改革开放以来，通过我国长时间的发展和追赶，与世界前沿的差距已缩短不少，适当的知识距离也有助于知识溢出。由各地高校及研发组织开展国际合作，这一过程中伴随着资金的流入和流出。之后将技术在与企业的互动中向企业进行渗透，已具备一定科技实力的企业将会展开与国外创新组织的合作，将资金输出到国外创新组织。与其他螺旋间人才共享。国外创新组织与其他螺旋间人才交流、访问，同时会培养留学生，还会派遣人才到区域内的企业。通过多种方式实现人才共享。

第三，外部市场拓展职能。

前面已经分析了开放创新这一概念包含了寻求外部市场，开放经济下区域创新生态系统也积极寻求外部市场，国际市场拓展也是国外创新组织承担的重要职能之一。

4.1.2.1.2 国外创新组织为节点的协同演化关系分析

国外创新组织螺旋为节点形成的网络第一层次——技术层、第二层次——资本层、第三层次——人才层。国外创新组织与其他螺旋展开的合作具体体现在：研发经费在国外创新组织和其他螺旋间双向流动、国外创新组织与其他螺旋间技术引进和研发合作、人才的双向流动，国外创新组织与政府的合作包含了技术、人才、政策、文化以及服务等多个层次。下面主要就国外创新组织与其他螺旋间R&D经费、技术及人才层次的协同合作进行分析。

第一，国外创新组织与其他螺旋间研发经费双向流动。

研发资金的流动可以表现国外创新组织与其他螺旋间的研发合作情况，是国外创新组织与其他螺旋间协同关系的重要一环。

一方面，国外创新组织是研发经费提供者之一，同时会收到区域内企业或研发组织的研发经费。一直以来，国外研发组织作为研发经费的提供者，是研发经费内部支出构成的重要部分之一。政府会通过制定政策等方式引进外资。国外创新组织的研发经费会流入企业、高校及科研院所。另一方面，企业及研发组织研发经费会通过外部支出的形式流出到国外创新组织。因为R&D资金的外部支出可以体现和各个螺旋间的研发合作网络，所以在这里进行了具体分析。研发资金的支出主体包含企业、研发机构及高校。其中，企业包含区域内企业和外商投资企业，研发资金的外部支出对象主要包含企业、高校、研究机构以及境外机构。从四螺旋主体支出的比重来看，企业的支出所占比重最高，然后是研究机构，之后是学校，最后是境外机构。企业及研发组织与其他的高校、研发机构、企业以及国外创新组织之间展开协作，协同合作可以通过R&D外部支出方式表现。

第二，国外创新组织与其他螺旋间技术合作关系。

四螺旋间的协同演化关系还体现在技术、知识的合作，四螺旋会共同合作完成技术创新。国外创新组织与企业技术层合作，企业会从国外创新组织获取技术并进行技术改造，最终实现新产品的生产，实现创新利润。除了合资企业和外商投资企业会以进入区域的方式参与到四螺旋的互动中，企业与国外创新组织进行技术合作的形式还包含技术咨询、技术转让、引进技术、合作研发、合作生产、商标许可等。还会通过产品的进出口来实现技术的获取，如软件产品、先进设备的进口等。国外创新组织与政府间技术合作会通过技术产品的进出口，引进国外先进技术等方式。国外创新组织与高校和研发机构的合作途径包含联合办学、技术研发合作、跨国技术联盟、学术会议交流、研发小组等。

第三，国外创新组织与其他螺旋间人才流动。

主要通过以下途径来实现人才的流动，第一，通过外商投资企业或者跨国公司等组织流入到区域内，如公司外派外籍常驻人员，这些人才的进入有利于区域内的企业通过互动学习的方式更快地掌握一些新知识、新技术，促进区域创新水平的提升。目前，国际科技合作项目形式主要包含考察访问、国际会议、合作研究、培训、展览会等，通过这些项目可以实现人员的交流合作。通过人才协同合作给区域内的企业和研发组织带来新知识、新技术。第二，国外创新组织中的学校会培养创新人才，比如归国留学人员，这些人才会受国内对归国留学人员引进的各种政策吸引，回流到区域内的创新组织（高新技术企业、高校和研发机构以及政府）中。这些人才属于国内流出又回流的人才。另外，还会通过论文合著、专利研发合作等形式形成人才的互动沟通，从而实现互动学习。最终构建的国外创新组织承担职能及协同演化关系如图4.2所示。

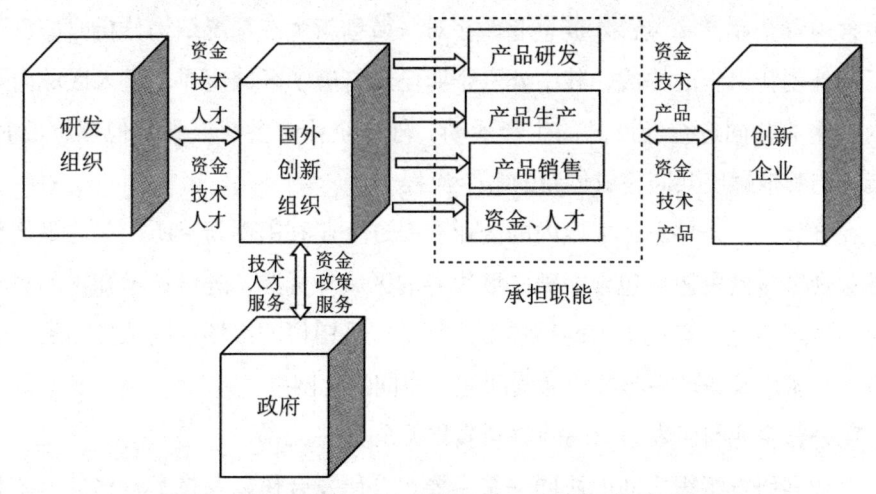

图 4.2 国外创新组织承担职能及协同演化关系构建示意图

4.1.2.2 企业子螺旋职能及协同演化关系

4.1.2.2.1 企业子螺旋职能

企业承担职能及协同演化关系如图 4.3 所示，企业在区域创新生态系统演化中处于主体核心地位，承担的职能包含新产品研发、新产品生产以及新产品的销售职能，并最终实现创新利润。作为创新产品的生产者和销售者，也是利益共享机制的核心。在知识传递链条中，接受高等学校和科研院所的创新知识，自身也承担研发职能，最终将科技知识最终转化为可以在市场上进行交换的产品，因此在技术传递链条上也处于重要地位。

企业是研发资金的投入主体和使用主体。从研发经费的资金来源来看，企业的研发资金占到总经费的比重从 2014 年以来一直保持在 75% 以上，并有持续上涨的趋势。其他主体来看研发资金还来源于政府资金和国外资金，其中政府资金占比保持在 20% 左右。在开放经济下，研发资金也有部分来源于国外，占比平均保持在 6% 左右。从研发资金的使用主体来看，企业也保持着绝对的优势。企业使用研发资金的占比也一直保持在 77% 以上。研究机构使用研发资金占比在 14% 左右，高等学校使用研发资金占比在 7% 左右。当然研发资金在三螺旋的使用中，也有一部分资金用于外部支出，流出到国外创新组织中。

4.1.2.2.2 企业子螺旋为节点的协同演化关系

在开放经济中，既有区域内企业，也包含引进企业；从企业的构成形式来看，既包含内资企业，又包含外资企业。在对区域创新生态系统结构分析时，已经分析了国外创新组织的构成，其中外资企业已经打破了区域边界，进入区域内与区域内的企业共同进行新产品的生产活动。外资企业也会获取到其他螺旋的R&D经费，与其他螺旋共同完成创新的各个流程。

在开放经济条件下，区域内的企业和引进企业利用创新资源，在这里创新资源既包含区域内资源也包含突破区域边界的区域外资源，进行技术知识的吸收和转化，生产出更具有竞争力的高技术产品，产品销售的市场也向国外拓展。通过资金、技术以及新产品与其他螺旋间建立协同演化网络。

第一，企业与研发组织间的协同演化关系。

企业和研发组织之间的协同关系主要包含研发合作以及技术转移的上游和下游关系。企业与研发组织进行了全方位合作，研发合作主体包含高校、研发机构以及国外创新组织，在这一过程中，发生了研发资金流动，企业在研发活动中投入了大量的资金。在对北车集团进行调研中发现，北车集团与清华大学、大连交通大学、北京交通大学、西南交通大学等高校都保持着研发合作关系，还与大连交通大学建立了虚拟产品开发技术中心。同时在与国外创新组织的合作中，包含了设备采购全球化，实现了与国外研发、生产合作等，在资源方面突破了区域边界，实现了全球化配置。从北车集团的案例来看，企业与其他创新主体之间合作紧密，与国外创新组织联系越来越多，协同研发、生产网络在逐步建立。

第二，企业与国外创新组织之间协同演化关系。

企业与国外创新组织之间协同关系主要有三个层次。第一个层次是资金人才的协同。企业和国外创新组织之间存在着密切的资金往来和人员交流互动，各地区通过各种平台推介，如交流论坛、项目对接会等形式，实现国际资金、人才等资源流入区域内企业，实现资源层的内外协同。第二个层次是研发合作。主要是技术引进、委托研发、合作研发等。从研发合作角度来看，企业会从国外创新组织引进技术，用于创新产品的生产。企业与研发组织和国外创新组织以及政府共同完成创新产品的生产，实现创新利润。第三个层次是外部市场拓展。新产品要实现创新利润，离不开市场，外部市场的开拓有利于产品销售渠道的拓宽，促使企业提升产品国际竞争力，获取更高的创新利润。高额的创新利润驱动企业进行外部市场拓展，实现协同演化。

第三，企业与政府的协同演化关系。

政府对企业螺旋提供支持。从研发资金来源的角度看，企业在研发过程中，研发资金的内部支出除了来源于企业本身，还来自政府资金和其他资金。其中占比重最大的是政府资金，如2019年研发资金内部支出为1.39万亿元，主要来源于企业，其次是政府资金和其他资金。

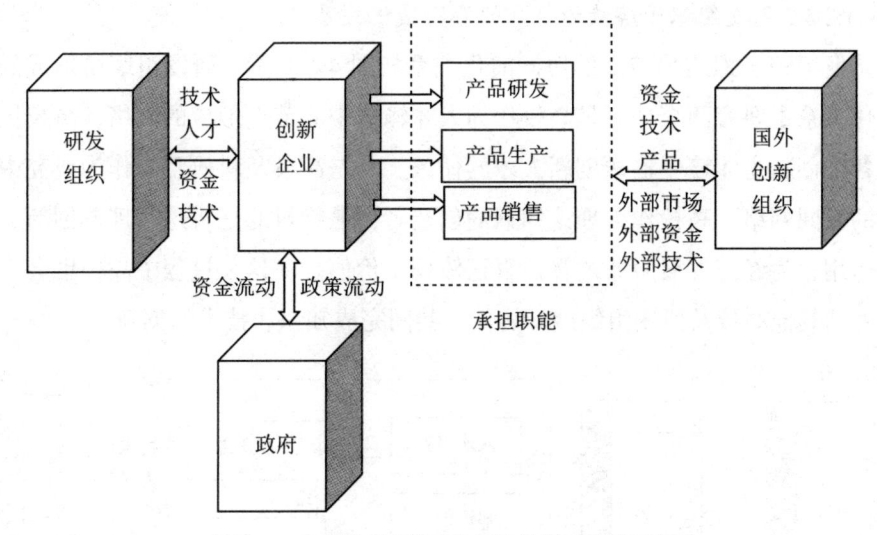

图 4.3 企业承担职能及协同演化关系构建示意图

4.1.2.3 研发组织子螺旋职能及协同演化关系

4.1.2.3.1 研发组织螺旋职能

研发组织子螺旋职能及协同演化关系如图4.4所示，下面对研发组织职能进行阐述。对于高等学校以及研发机构组成的研发组织，这一螺旋的名称虽然略有不同，但是包含的主体大体是相同的，承担着为科技研发的职能。研发机构和高等学校在系统中是知识技术的生产者，是创新技术知识的源泉，是创新的原动力。在协同过程中承担着创新成果的创造职责，通常被认为是知识创造活动流程的核心。高校在知识创造时起的作用是主导与牵引，作为理论知识的创新高地，高校也有着理论知识输出者的角色。研发机构是从事基础研究、应用研究以及试验发展的主体。任何一项创新技术实现产业化是比较复杂和漫长的，且面临较大的机会成本，需要经过科研院所的试验发展研究，才能使投资风险降至最低。与此同时，高校还承担着创新人才培养的职能，将创新人才输送到其他创新主体。2019

年，我国的研发机构数为3 217个，分别隶属于中央和地方。在研发机构所承担的研发职责中，主要投入在应用研究和试验发展等方面。应用研究主要是针对新知识的用途进行目标研究，探索创新知识源的目标和用途。试验发展主要是面向企业的新产品、新材料以及新装置所进行的研究。所以可以说，研发机构是将创新知识源转为应用技术的重要组织。

4.1.2.3.2 研发组织子螺旋为节点的协同演化关系

研发组织子螺旋为节点的协同演化关系如图4.4所示。研发组织所形成的协同演化关系主要有两个。一是高校作为人才输送中心节点形成的网络，高校担负着为各个创新主体培养输送创新人才的任务。二是高校及科研院所作为研究中心形成的协同网络。高校作为理论知识的创造者，最终目的是将这些理论创新成果得到运用，为经济发展服务才算是真正体现了价值。在这一过程中高校也会与系统内外的其他高校及研发组织展开协作，共同完成知识、技术的创新。

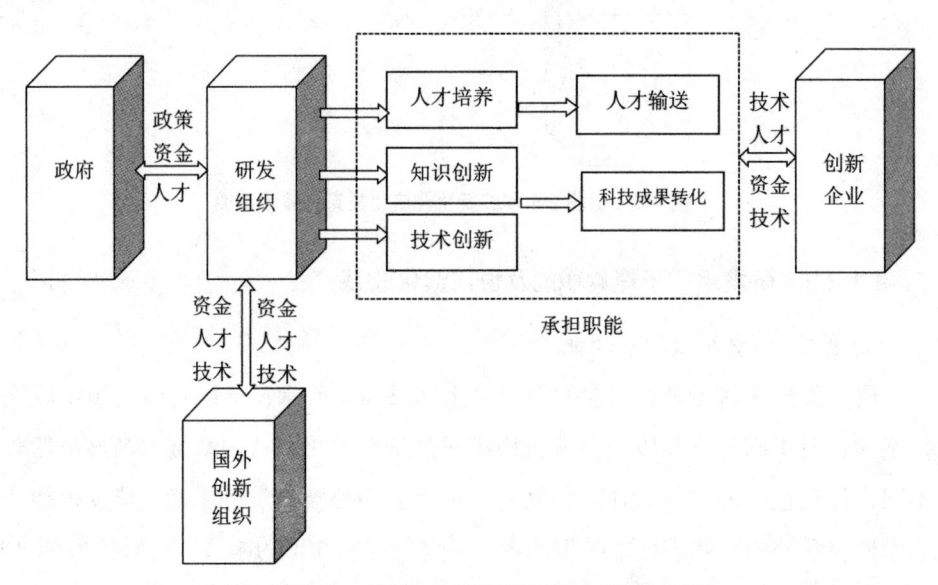

图4.4 研发组织承担职能及协同演化关系构建示意图

研发机构是区域创新生态系统中科技研发的重要承担者，需要资金资源的投入，在资金的投入中，可以看研发机构与其他组织间和协同合作网络关系，其研发资金主要来源于政府、企业、国外以及其他组织。R&D经费内部支出是各个螺旋开展组织内部的研发活动的支出。研发机构研发资金内部支出不管从哪个来源来看都呈现整体的上升趋势，主要来源于政府和企业，但也有一部分来源于国外资金。说明研发机构作为技术研发的主体，会与企业完成对接，将技术转移到企业，转化为创新产品，实现创新利润，在这一过程中与系统内外的企业展开协作。对于研发组织与其他螺旋之间的研发协作关系我们可以通过研发经费的外部支出来进行具体分析，研发机构的研发经费会流向高校、其他研发机构，国外的高校及研发机构，说明研发机构会与系统内外的高校及研发组织展开研发协作。

在开放经济条件下，研发组织与国外创新组织间也展开了协同合作，如组成跨国研发机构，根据区域经济特色及产业优势，进行产品的研发。还可以与区域内的科研院所论文合著、合作研发新技术，进行知识创新和技术研发。区域研发组织与国外创新组织间的研发合作，可以共同攻克重大关键共性技术，缩短研发时间，降低研发成本和研发风险；同时还可以解决区域内重点产业技术不足的问题。其合作创新成果主要包含研发项目、科技论文和专利三种。我国各地区研发机构 R&D 课题的合作形式中就包含与国外创新组织的研发项目合作。区域内研发组织会与国外创新组织之间形成研发合作的协同关系，当然，这一协同关系实现离不开资金和人才的互动交流。

4.1.2.4 政府子螺旋职能及协同演化

4.1.2.4.1 政府子螺旋职能

政府发挥其职能主要体现在，为区域创新生态系统演化营造创新环境，创新政策的制定，创新资源的优化、配置公共服务、基础设施、创新平台。政府职能主要包括：促进科技转化职能、平台搭建职能、研发资金支持职能、环境打造职能、监管职能。在这里需要指出的是，目前对政府的职能有两种观点，一种将其单纯作为环境支撑者，排除在主体螺旋之外，但是经过分析发现，政府既是环境支撑的指导者，也是创新系统重要参与者之一，因此本文中政府的职能不仅仅是外部环境的支撑者，也作为参与者成为四螺旋之一。

本文中将其与创新活动紧密相连的职能与环境支撑职能区分开来，作为区域创新生态系统协同演化的参与者职能。参与职能主要包含促进科技成果转化、平台搭建和提供研发资金支持。

在区域创新生态系统中政府参与职能之一：促进科技成果转化。政府为了促进科技成果转化，制定了各种法律法规，2015 年发布的《中华人民共和国促进科技成果转化法》，2018 年关于批准发布《技术转移服务规范》国家标准的公告等一系列法规的出台是政府促进科技成果转化职能的现实体现。举例来说，根据上海市青浦区科技综合服务平台的一份报告显示，政府对区域内的重点项目进行支持，如无偿资助上海市重点新产品计划、国际火炬计划资助具有创新性和先进性项目、对上海市高新技术成果转化专项资金扶持、建立引进吸收与创新的产业技术创新支持等。对高技术企业进行扶植，如设立中小企业发展专项资金（包括无偿帮助、贷款贴息等）。政府促进科技成果转化的一系列措施会促进项目成交额的提升。

在区域创新生态系统中政府参与职能之二：搭建科技平台。科技平台的搭建形式多样，包括资金、人才等资源共享平台，成果转化平台，国内、国际合作平台，先进技术交易平台等。通过先进人才、研发资金引进、科学技术转化市场完善，促进国内、国际项目落地，最终实现科技成果的转化。具体的组织形式包含各种网络信息平台形式的虚拟平台，也包含众创空间、科技企业孵化器、大学科技园、创新中心等实体平台。其中，众创空间是集合了市场、服务和资本服务为一体的综合平台；孵化器更多的是为企业提供各种资源的服务平台；大学科技园是实现高校研发与产业、企业对接，服务区域经济的平台；创新中心更致力于为产业提供创新服务的平台。这些虚拟和实体平台的共同特点就是促进科技成果的转化。

在区域创新生态系统中政府参与职能之三：提供研发资金。政府在区域创新演化过程中，可以给予区域创新主体（如高校和企业）财政支持和政策支持。区域创新能力的提升不是短时间完成的事，政府通过加大研发投入不仅可以有效增加区域内的专利数量，也会影响到技术交易、科技论文等创新过程。对创新主体中的科研院所及高等学校给予一定的财政支持，如大学可以通过申报国家及省市的研究项目来获取科研经费，与此同时科研院所的科研项目也会得到政府的经费支持。在开放经济视角下政府为创新活动提供各类公共服务，优化营商环境，完善招商引资的平台建设，通过开放经济，促进区域创新资源流入，如国外研发资金的投入。

除了上述的参与职能，政府承担其他职能主要包含打造创新环境和监管等。

创新环境支撑职能。在区域创新生态系统中，政府是创新环境优化的主导者。政府通过制定创新的政策与法规，引导区域内的创新主体参与创新活动，同时利用法律和经济手段推动创新行为的产生，完成区域创新的预期目标，为区域创新提供良好创新环境。政府在区域创新环境打造中起着主导职能，主要通过制定出台相关政策得以体现，通过各种政策来引导创新活动从无序朝着健康有序进行。政府还会对区域内的创新企业给予经费支持，同时还会在税收优惠、贷款补贴及其他方面给予财政支持。

政府的监管职能。政府利用政策引导的方式，管理区域内的创新活动，有效促进着创新行为的产生。如上海市对科技创新活动进行多样化的奖励，设立了国际科学技术奖、上海市科学技术奖（科技功臣奖）。同时，只是引导而不是行政命令的管理方式可以避免指令性管理产生的投入效应递减，减少资源陷阱的产生。通过有限的政府干预行为，形成合理的区域市场竞争机制、企业运行机制和政策法律实施体系，从而激励创新行为。政府的政策支持主要体现在财政税收政策、产业发展政策以及引资政策等。在开放经济视角下，政府可以通过招商引资政策即吸引外资这一途径来促进区域创新生态系统演化。

4.1.2.4.2 政府子螺旋为节点的协同演化

政府承担职能及协同演化如图4.5所示，政府承担职能如下：

第一，为企业及研发组织提供资金支持，共同完成协同演化。政府是区域创新生态系统资金提供者之一，会通过财政拨款、研发投入等形式参与到研发活动中。政府还会通过政策鼓励引导银行等金融机构加大对研发的资金投入。还会通过税收形式对科技成果的研发转化等环节提供支持。从2014—2018年政府研发资金占到总研发资金的比重一直保持在20%左右。

第二，为企业、研发组织及国外创新组织搭建创新平台，促进科技转化，加速演化效率。国家支持科技企业孵化器、大学科技园等科技企业孵化机构发展，为初创期科技型中小企业提供孵化场地、创业辅导、研究开发与管理咨询等服务。制定知识产权保护的相关法律法规，保障研发组织发明和利等形式的技术成果。促进技术转化；通过建立平台、招商引资、引智，促进国际科技合作。对技术市场进行培育和管理，为研发组织和企业间的技术转移提供市场。

第三，为企业、研发组织及国外创新组织营造创新环境，保障协同演化。主要渠道包含：通过对创新活动的奖励、宣传以及支持等方式，营造创新氛围；通过进出口及引进外资等方式，营造开放创新环境；通过财政支持的方式，提供创新基础环境。

第四，对区域创新系统中的创新企业、研发组织以及国外创新组织进行协调监管，约束协同演化行为。政府是创新主体利益分配制度的制定和引导者；根据区域创新生态系统的运行情况，完善相关制度，做好各个主体间的协调和资源调配工作；通过知识产权保护、技术安全等规定约束创新组织行为。最终构建政府为节点的协同演化如图 4.5 所示。

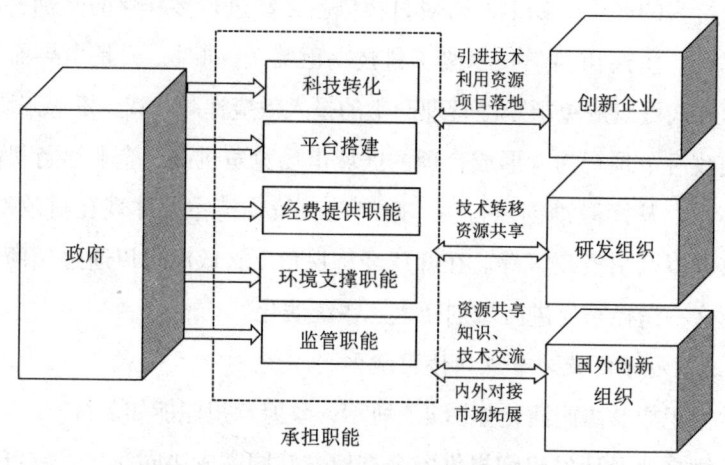

图 4.5 政府承担职能及协同演化关系构建示意图

4.1.3 多层次协同演化关系模型及指标体系构建

4.1.3.1 区域创新生态系统四螺旋多层次协同关系构建

在第三章中已经构建了区域创新生态系统四螺旋协同演化路径，即在演化过程中资金、人才、知识、技术等多元能量在四螺旋间横向流动，形成纵向政策链、知识链、技术链、产品链，这种纵横交错网络构成了四螺旋间协同关系区域创新生态系统四螺旋多层次协同演化关系。在这一章中已经将这种横向的循环和流动及纵向的价值演化关系从四螺旋的角度进行了解构，在厘清 U、I、G、F 之间的协同关系机制后，进一步将其抽象为区域创新生态系统四螺旋多层次协同关系。构建的关系如图 4.6 所示，与以往研究中只包含 U、I、G 之间的协同演化关系不同，本文从复杂系统多层次关系角度出发，构建的协同关系包含两个大层次，即四螺旋主体之间协同演化关系，主体群落与环境间的协同演化。其中四螺旋间的关系，包含二维关系共六个，三维关系共四个，四维关系一个。

4 四螺旋协同演化关系构建及实证研究

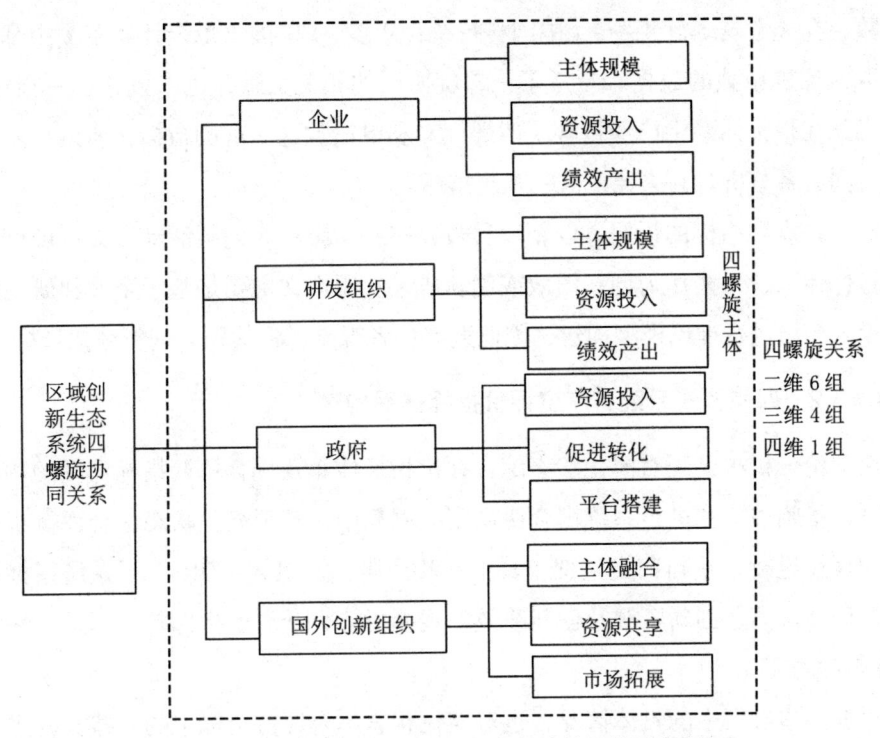

图 4.6 区域创新生态系统四螺旋多层次协调创新关系构建

创新主体可以看成区域创新生态系统的核心部分，在本文中，创新主体主要是研发组织、企业、政府、国外创新组织这四个螺旋，从机构数量上来测度创新主体的规模。对于四螺旋主体利用的创新资源主要是基于人力资本的投入和研发资金的投入两个层面，将其按照四螺旋主体四个维度来分别进行考虑，观测指标层主要是四螺旋主体的 R&D 人员全时当量，R&D 是研究与实验发展，R&D 相关指标体系通常被应用于创新能力的核心指标。所以在这里选取了 R&D 人员全时当量这个国际通用指标。研发经费主要是从四螺旋研发经费内部支出。政府维度主要是考虑了财政支撑以及 R&D 投入强度。对于创新绩效基于创造力及转化力两个维度进行考虑。创造力包含了研发机构知识技术创造、高校知识技术创造、规上企业、高技术新产业新产品生产能力；转化力包含技术转化、项目落地、新产品成交三个层次。

和演化状态评价指标体系不同之处。对于区域创新生态系统演化关系指标体系的关键基于前面演化状态综合评价指标体系，并根据四螺旋进行了调整。因为在演化状态综合评价中一些指标的划分为四螺旋后数据不可得，如四螺旋的专利授权数，在《中国统计年鉴》《中国科技统计年鉴》《中国火炬统计年鉴》中都不能获取四螺旋单独的数据。参考了三螺旋协同的相关文献，也未包含这一指标，且考虑到在指标体系中已经包含了四螺旋专利申请数这一观测指标，所以在对四螺旋协同关系分析时，去掉了这一观测指标。

对一些观测指标的说明。创新项目数，一些文献作为创新活动，如区域创新评价指标体系，一些作为创新绩效或创新成果。因本文主要是基于企业和研发组织的投入产出进行理论模型构建，因此选取后者观点，将其作为创新绩效指标。

4.1.3.2　四螺旋子系统有序度评价指标体系构建

在理论分析中已经对演化状态综合评价指标体系及耦合协调指标体系的构建过程进行了阐述，在进行系统耦合协调度的测算中，基于演化状态综合评价指标按照四螺旋进行了重新归类整理，其中"政产研"三螺旋（UIG）子系统指标体系包含创新群落、创新资源及创新绩效的观测指标，开放度指标是对国外创新组织（F）的测度。

根据实施过程中的具体情况，也对演化状态综合评价指标中的一些指标进行了调整，对调整之处进行说明。其一，四螺旋划分中去掉了专利授权数这一指标。因为专利授权量划归到四个螺旋中的数据没能收集到，在《中国科技统计年鉴》《中国火炬统计年鉴》《中国统计年鉴》中已有数据都并未针对不同主体进行数量划分，提供的都是各区域总数。考虑到已有指标专利申请数量能代表各区域不同螺旋创新的活跃程度，并与专利授权量有一定相似之处。另外，根据相关的文献资料，在进行不同主体划分时也未收入这个观测指标，因此暂时将这一指标去掉。其二，将开放度指标中 FDI 与进出口总额两个指标去掉划分到创新环境中。这样处理主要是因为系统开放度指标和国外创新组织这两个指标的区别，国外创新组织更侧重创新，考虑到 FDI 和进出口总额更能代表开放的经济环境，因此进行了上面的处理。

具体指标体系如表 4.1 所示。在四螺旋间的关系中共包含二维层次、三维层次和四维层次，根据排列组合的原则，二维关系共 6 组、三维关系 4 组、四维关系 1 组，一共 11 组关系需要测度和衡量。

表 4.1 四螺旋协同演化关系指标体系构建

目标层	一级分解	二级分解	三级（观测指标）
主体	U（14）	高校	1101 高校数量
			1102 高校 R&D 经费内部支出
			1103 高校 R&D 人员
			1104 高校 R&D 人员全时当量
			1105 高校科技论文
			1106 高校专利申请数
			1107 高校 R&D 课题
		研发机构	1201 研发机构数
			1202 研发机构 R&D 人员
			1203 研发机构 R&D 人员全时当量
			1204 研发机构 R&D 经费内部支出
			1205 研发机构发表科技论文
			1206 研发机构专利申请数
			1207 研发机构 R&D 课题数
	I（15）	规上企业	2101 规上企业数量
			2102 规上企业有研发机构的企业数
			2103 规上企业 R&D 内部支出
			2104 规上企业 R&D 人员
			2105 规上企业 R&D 人员全时当量
			2106 规上企业发明专利申请数
			2107 规上企业 R&D 项目数
			2108 规上企业新产品销售收入
		高技术企业	2201 高技术产业企业数
			2202 高技术产业研发机构数
			2203 高技术产业 R&D 人员全时当量
			2204 高技术产业 R&D 项目经费内部支出
			2205 高技术产业 R&D 项目数
			2206 高技术产业专利申请数
			2207 高技术产业新产品销售收入

(续表)

目标层	一级分解	二级分解	三级（观测指标）
	G（7）	政府	3101 研发经费投入强度
			3102 R&D 经费政府资金
			3103 财政科技支出
			3104 促进项目成交额
			3105 技术市场交易金额
			3106 在统孵化器数量
			3107 科技企业孵化器当年获得风险投资额
	F（9）	国外创新组织	4101 外商投资企业数
			4102 R&D 经费来源国外
			4103 R&D 经费支出到境外
			4104 研发机构 # 国外发表
			4105 高校科技论文国外发表
			4106 高技术产业新产品出口
			4107 规上企业新产品出口
			4108 国外技术引进合同金额
			4109 人才派遣

4.2 四螺旋协同演化关系实证分析

4.2.1 运用熵权法进行四螺旋有序度评价

四螺旋有序度评价方法选取熵权法，宋华岭（2002）提出熵可以反映系统中各种物质、能量以及信息效率，所以熵可以实现对系统的有序度的评价和度量[72]。有序度的变化正是系统的各个要素熵的变化带来的，熵权法在实现对系统有序度的评价时具有客观性的优势。

评价指标体系中指标的信息效用价值取决于该指标的信息熵和 1 之间的差值，信息效用越大，对评价的重要性就越大，其值的大小直接影响着权重的大小。以熵权法估算各指标的权重，本质上是利用该指标信息的价值系数来计算，系数越大，其对评价结果的贡献就越大，或者是权重越大。在理论模型构建中共包含了四个螺旋子系统层，用 U 代表有序度，那么 U_1、U_2、U_3……U_n 分别表示各子系统的有序度，要分析其有序度，先运用熵权法确定权重，下面进行具体的阐述。

4.2.1.1 指标体系数据标准化处理

假定初始矩阵 $X = (x_{ij})_{m \times n}$

$$X = \begin{bmatrix} x_{11} & x_{12} & \cdots & x_{1n} \\ x_{21} & x_{22} & \cdots & x_{2n} \\ \vdots & \vdots & \vdots & \vdots \\ x_{m1} & x_{m2} & \cdots & x_{mn} \end{bmatrix}$$

考虑到指标的观测指标值有着量纲的差异性，本文对观测指标进行数据的标准化处理。在标准化处理过程中，如果所用指标的值越大越好，选用公式：

$$R_{ij} = \frac{(X_{ij} - \text{Min})}{(\text{Max} - \text{Min})} \quad (4.1)$$

若所用指标的值越小越好，则选用如下公式：

$$R_{ij} = \frac{(\text{Max} - x_{ij})}{(\text{Max} - \text{Min})} \quad (4.2)$$

公式（4.1、4.2）中 R_{ij} 为标准化处理后的指标。

指标体系标准化矩阵如下所示：

$$R = \begin{bmatrix} r_{11} & r_{12} & \cdots & r_{1n} \\ r_{21} & r_{22} & \cdots & r_{2n} \\ \vdots & \vdots & \vdots & \vdots \\ r_{n1} & r_{n2} & \cdots & r_{nn} \end{bmatrix}$$

4.2.1.2 熵值法确定权重

计算第 i 个样本第 j 项指标的指标值的比重 p_{ij}：

$$p_{ij} = \frac{r_{ij}}{\sum_{i=1}^{m} r_{ij}} \quad (4.3)$$

计算第 j 项指标的信息熵值的公式为：

$$p_{ij} = \frac{r_{ij}}{\sum_{i=1}^{m} r_{ij}} \quad (4.3)$$

计算第 j 项指标的信息熵值的公式为：

$$e_j = -k \sum_{i=1}^{m} p_{ij} \ln p_{ij} \quad (4.4)$$

式（4.4）中 K 为常数，$k = \frac{1}{\ln m}$

计算差异系数：

$$g_j = 1 - e_j \quad (4.5)$$

式（4.5）中 e_j 为信息熵，差异系数 g

计算熵权 W_j：

$$w_j = \frac{g_j}{\sum_{j=1}^{n} g_j} \quad (4.6)$$

4.2.1.3 区域创新生态系统有序度

本书中的子系统主要包含 UIGF 四个子系统层综合指标，这些系统层综合指标的有序度最终都是由不同的观测变量所共同决定的，把这些观测变量的无量纲标准化值利用前面的权重加权后求和，就是每个子系统的有序度。计算公式如下：

$$U = \sum_{j=1}^{n} W_j R_j \quad (4.7)$$

式（4.7）中 U 为子系统有序度，R_j 为无量纲化指标值，W_j 为熵权法确定的权重[76]。

4.2.2 耦合协调度方法的选取

4.2.2.1 区域创新生态系统耦合协调关系

对于区域创新生态系统来说，其复杂结构已经在理论模型构建中进行了系统的分析。第一，作为一个复杂系统，包含了有形物质的流动和无形信息的流动。资源中人、财、物是有形物质的流动；知识、技术等无形信息的"流动"。如果创新主体和创新环境之间发展不平衡，无法实现协同演进，会阻塞信息流动，信息流的不畅会对资源流造成影响,引发系统混乱,最终导致系统的无序性,影响区域创新生态系统的演化。这种有形物质和无形能量在四螺旋间的流动是由创新主体和创新环境之间的协同度决定的。第二,伴随着能量的流动,四螺旋主体在创新活动中完成创新流程:将理论知识转化为应用技术,之后再转化为创新产品,最后完成创新产品的交换,在这个过程四螺旋主体之间构成复杂的网络,相互作用,存在协同关系,促进复杂系统演化。四螺旋主体间协同演化关系决定着区域创新生态系统的顺利演化。如果与这种协同关系相悖,系统就会处于混乱的状态,整个系统的效率和有序度就会因为这种混乱而减弱,不能实现协同演化的目标。系统演化方向将不明确,背离我们所期望的演进方向。

耦合协调度衡量是基于不同螺旋及创新环境有序度测度基础上进行的,在协同演化关系中需要测度的有序度包含:研发组织(U)螺旋有序度、企业螺旋(I)有序度、政府螺旋(G)有序度、国外创新组织螺旋(F)有序度。在系统协同演化关系的构建中,四螺旋主体之间的协同演化关系,反映了主体之间关联的有序度,也体现了资源在各个主体间的配置和流动。

4.2.2.2 复杂系统耦合协调关系测度方法

本文选取了耦合协调度方法对四螺旋间耦合协调机制进行实证分析。耦合协调是物理学上两个物理量之间耦合振荡衍生而来。狭义的物理学中的耦合协调概念,已经被广泛应用在各个领域中。物理学中的耦合是指两个或多个变量之间相互之间产生的共同作用,如果变量之间的数值适合,会产生物理上的合成效应,这种效应可以测量。这些变量数值之间的关系就是耦合协调关系。

本研究主要借助了物理学中耦合协调度的测算来实现各个子系统之间的协同演化关系。耦合协调度是系统间协调关系测度方法之一。这一指标体系包含了两个维度的关系,一是耦合度,一是协调度。共涉及了三个指标的测算:耦合度用 C 来表示,协调指数用 T 来表示,耦合协调度用 D 来表示。耦合度 C 可以表示两个子系统之间相互作用,协同演化过程中的相互关联的关系强弱;协调度 D 可以表示出两个子系统之间良性耦合关系的强弱,表示两个子系统协调程度的优劣。计算公式如下:

二维螺旋耦合协调度计算公式

公式中 U_1、U_2 分别表示两个子系统的有序度，C 表示两个子系统的耦合协调度

$$C = \left[\frac{U_1 \cdot U_2}{((U_1+U_2)/2)^2}\right]^{1/2} \quad (4.8)$$

在这里 C 的取值范围为大于等于 0 小于等于 1，当 C 的取值越小时，代表子系统之间耦合关系越弱，当 C 的取值越大时，子系统之间耦合关系越强。在这个模型中需要注意的是：系统间的耦合度 C 是指系统之间作用程度大小，在这里并不能以结果的大小来判断好坏，只能得出子系统之间关联程度。

要得出四螺旋能否良性协同，推动系统演化，就需要对各个子系统之间的这种耦合关联能否最终推动区域创新生态系统的演化进行判断，因此引入了变量耦合协调函数 D，D 为耦合协调度，取值范围在 0 和 1 之间，耦合协调度 D 越大，表明子系统间协同发展水平越高。系统之间的耦合协调度 D 代表系统良性耦合程度的强弱，其数值体现了系统之间协调的优良程度，可以用来表示系统之间是在高水平的协同关系。D 值大小决定系统将演化方向，D 值小，代表系统向无序方向演化；反之 D 值大，代表系统向有序方向演化。

$$T = \alpha U_1 + \beta U_2 \quad (4.9)$$

其中 $\alpha + \beta = 1$

$$D = \sqrt{C \cdot T} \quad (4.10)$$

三维螺旋耦合协调度计算公式

$$C = \left[\frac{U_1 \cdot U_2 \cdot U_3}{((U_1+U_2+U_3)/3)^3}\right]^{1/3} \quad (4.11)$$

$$T = \alpha U_1 + \beta U_2 + \gamma U_3 \quad (4.12)$$

$$\alpha + \beta + \gamma = 1$$
$$D = \sqrt{C \cdot T} \quad (4.13)$$

四维螺旋耦合协调度计算公式：

$$C = \left[\frac{U_1 \cdot U_2 \cdot U_3 \cdot U_4}{((U_1+U_2+U_3+U_4)/4)^4}\right]^{1/4}$$

$$T = \alpha U_1 + \beta U_2 + \gamma U_3 + \kappa U_4 \qquad (4.14)$$

$$\alpha + \beta + \gamma + \kappa = 1$$

$$D = \sqrt{C \cdot T} \qquad (4.15)$$

公式中 α、β、γ、κ 代表各个子系统的权重，本文在进行四维螺旋协同关系测算时，将子系统看为同等重要的子系统。按照大多数学者对耦合协调问题研究时的平均取值方法，将 α、β、γ、κ 平均赋值。

4.2.2.3 协调关系等级及划分标准

为了更好地分析区域创新生态系统子系统之间的耦合协调度，对耦合协调度进行了划分。协调关系如表 4.2 所示，以 0.1 为等差划分协调关系，将协调关系等级划分为 10 级，从极度失调到优质协调。本文主要考虑的是优质耦合协调关系，所以主要对协调程度进行等级划分。

表 4.2 耦合协调等级协调关系划分

耦合协调度等级划分标准		
耦合协调度 D 值区间	协调等级	耦合协调程度
[0.0~0.1)	1	极度失调
[0.1~0.2)	2	严重失调
[0.2~0.3)	3	中度失调
[0.3~0.4)	4	轻度失调
[0.4~0.5)	5	濒临失调
[0.5~0.6)	6	勉强协调
[0.6~0.7)	7	初级协调
[0.7~0.8)	8	中级协调
[0.8~0.9)	9	良好协调
[0.9~1.0]	10	优质协调

4.2.3 四螺旋子系统有序度评价

先按照观测指标历年数据，进行熵权计算，再分别计算出研发组织螺旋、企业螺旋、政府螺旋以及国外组织螺旋的有序度，有序度的计算过程通过 matlab 软件完成。

4.2.3.1 研发组织螺旋（U）有序度

研发组织螺旋（U）有序度如图 4.7 所示，从 2019 年数据来看，研发组织螺旋（U）的有序度排在前几位的是北京、广东、江苏、上海。图 4.7 中清晰地显示了北京研发组织螺旋有序度的绝对优势，2019 年 U 的有序度达到 0.95，其总体变化趋势为上升，但 2017 年有序度为 0.87，略低于 2015 年的 0.94；广东 U 的有序度要低于北京，其中 2019 年的有序度为 0.35，2013 年为 0.34，2015 年为 0.32，2017 年最高达到 0.49，总体变化趋势呈现折线型（先降后升再降）；江苏的总体变化趋势为下降，从 2013 年的 0.45 下降到 2019 年的 0.4，但在 2017 年有小幅度上升；上海的总体变化趋势呈折线型（先降后升再降）。排在后几位的为海南、宁夏、青海、西藏。

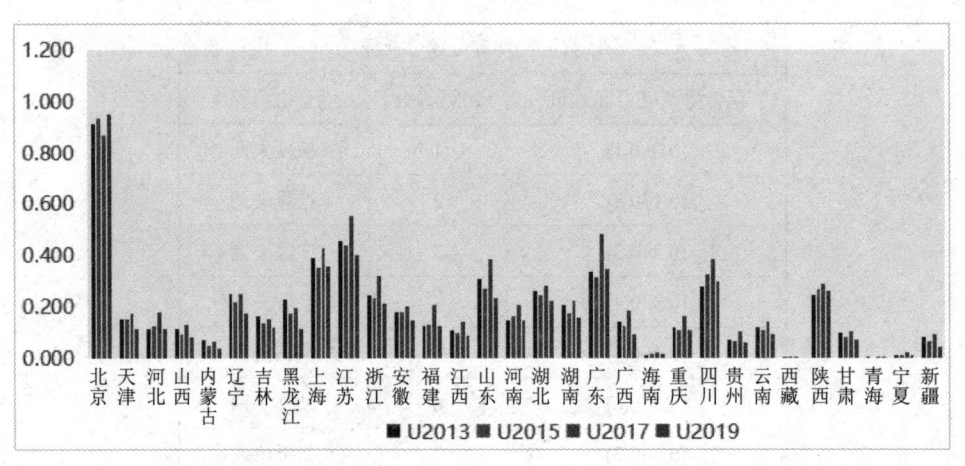

图 4.7　2013—2019 年我国 31 个省、区、市研发组织螺旋（U）有序度

4.2.3.2 企业螺旋（I）有序度

企业螺旋（I）有序度如图 4.8 所示，从 2019 年数据来看，企业螺旋（I）有序度最高的是广东，2013、2015、2017、2019 年有序度分别为 0.850、0.855、0.990、1.000。总体变化趋势从四个时点来看是不断提升的，第二位的是江苏，2013、2015、2017、2019 年分别为 0.788、0.827、0.692、0.632，总体变化趋势为折线（先升后降），第三位是浙江，2013、2015、2017、2019 年分别为 0.465、0.517、0.445、

0.449，总体变化趋势也为折线（先升后降）；第四位是山东，2013、2015、2017、2019 年分别为 0.376、0.393、0.347、0.216，变化趋势与江苏、浙江相同（先升后降）。北京在全国排名第十四位，2013、2015、2017、2019 年 I 有序度分别为 0.148、0.130、0.122、0.078，呈现下降趋势。排在后几位的是新疆、海南、青海、西藏，新疆的变化趋势呈现折线（先降后升再降）的变化趋势，海南处在逐渐下降的趋势，青海的变化趋势也是呈折线，与新疆相同。

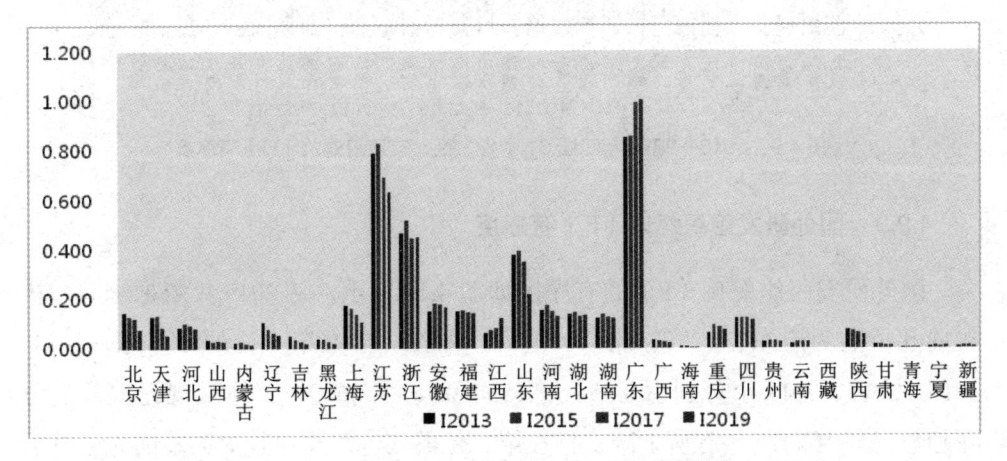

图 4.8　2013—2019 年我国 31 个省、区、市企业螺旋（I）有序度

4.2.3.3 政府螺旋（G）有序度

政府螺旋（G）有序度如图 4.9 所示，从 2019 年数据来看，政府螺旋（G）有序度最高的为北京，2013、2015、2017、2019 年分别为 0.847、0.850、0.840、0.768，总体变化趋势呈现折线型（先升后降）；排在第二位的为广东，2013、2015、2017、2019 年分别为 0.345、0.576、0.625、0.580，总体呈现先上升后下降的趋势；第三位的为江苏，2013、2015、2017、2019 年分别为 0.436、0.484、0.450、0.510，总体呈现上升趋势；第四位为上海，2013、2015、2017、2019 年分别为 0.418、0.518、0.543、0.418，呈现先升后降的趋势；第五位为陕西，2013、2015、2017、2019 年分别为 0.349、0.333、0.351、0.357，总体呈现上升趋势，从中可以看出在西部地区的陕西政府参与度非常高，处于主导地位。排在后几位的为宁夏、青海、海南、西藏。

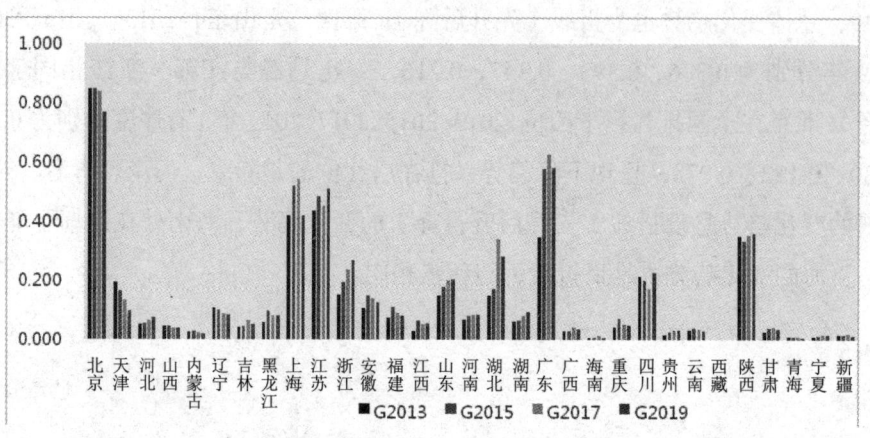

图 4.9　2013—2019 年我国 31 个省、区、市政府螺旋（G）有序度

4.2.3.4 国外研发组织螺旋（F）有序度

国外研发组织螺旋（F）的有序度如图 4.10 所示，从 2019 年数据来看，排在前几位的为广东、江苏、北京、上海、浙江。排在第一位的为广东，2013、2015、2017、2019 年分别为 0.554、0.653、0.755、0.699，整体呈现先上升后下降趋势，其中 2019 年有所下降；排在第二位的江苏呈现出较为明显的先上升后下降趋势，2013、2015、2017、2019 年分别为 0.509、0.547、0.504、0.499；排在第三位的上海总体呈现上升趋势，但在 2015 年略有下降。2013、2015、2017、2019 年分别为 0.460、0.451、0.509、0.574。排在第四位的浙江上升趋势较为明显，2019 年略有下降。2013、2015、2017、2019 年分别为 0.180、0.190、0.245、0.219。排在后几位的为贵州、海南、宁夏、青海、西藏。

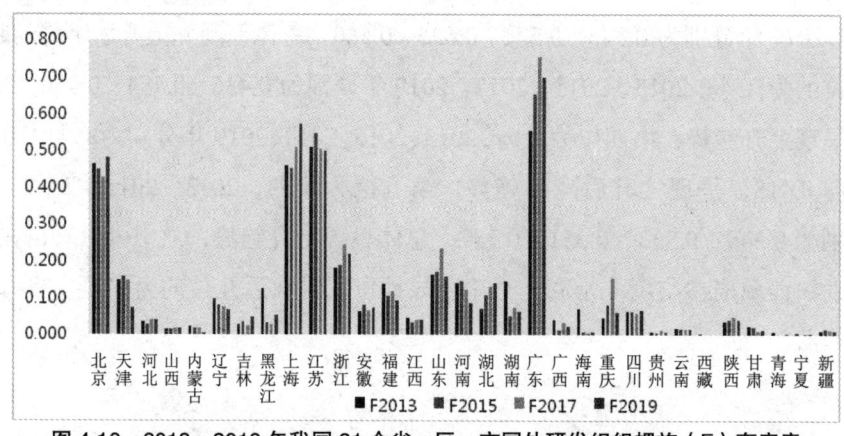

图 4.10　2013—2019 年我国 31 个省、区、市国外研发组织螺旋（F）有序度

4.2.4 UIGF 四螺旋耦合协调关系结果分析

4.2.4.1 二维耦合协调关系

将计算得到的有序度带入二维耦合协调度计算公式，共得到六组二维协调关系。2019 年，各地区二维协调关系对比如图 4.11 所示，北京的 UG 协调关系发展较好，之后是 UF 协调关系，IF 的协调关系有待提升，广东地区 IF 协调关系最好，超过 0.9，GI 协调关系也较好，高于 0.8。广东二维协调关系水平较高较好，数值上看普遍高于 0.6。与北京不同的是，广东的 UG 协调关系在 6 组二维协调关系中协调程度最低。陕西、四川、湖北、辽宁等地也是 UG 协调关系要高于其他二维协调关系。

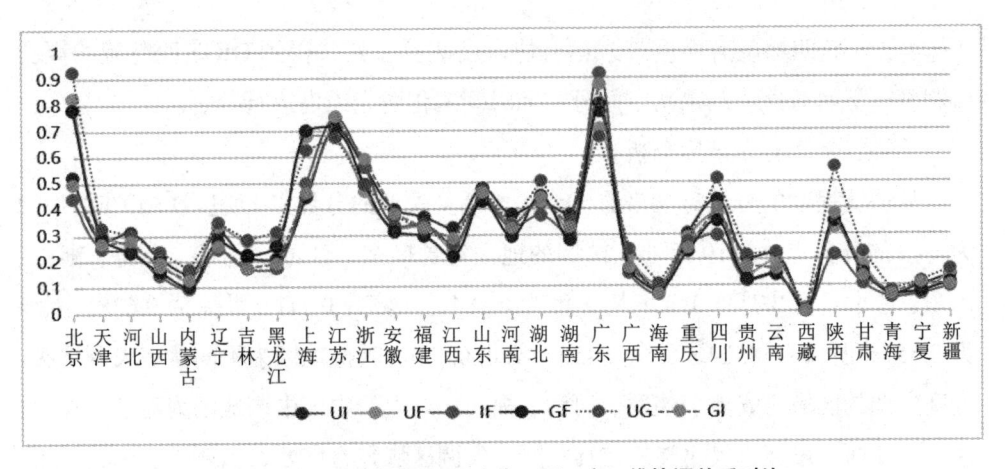

图 4.11　2019 年我国 31 个省、区、市二维协调关系对比

4.2.4.2 三维耦合协调关系分析

将处理后的数据，三个一组带入耦合协调度的计算公式，耦合协调关系共分为四组，分别为 UIG、UIF、IGF、UGF 的耦合协调关系，通过计算，得出三维关系。将 2019 年四组三维关系进行对比分析，得到的对比图如图 4.12 所示，可以看出以下特征：北京的 UGF 协调关系较好，明显好于其他三组三维协调关系；广东四组三维关系发展较为均衡，都处于较高水平，IGF 间协调关系最好；之后是江苏，三维协调关系对比看，也较为均衡。通过对比可以得出各地区四组三维关系的对比不尽相同。

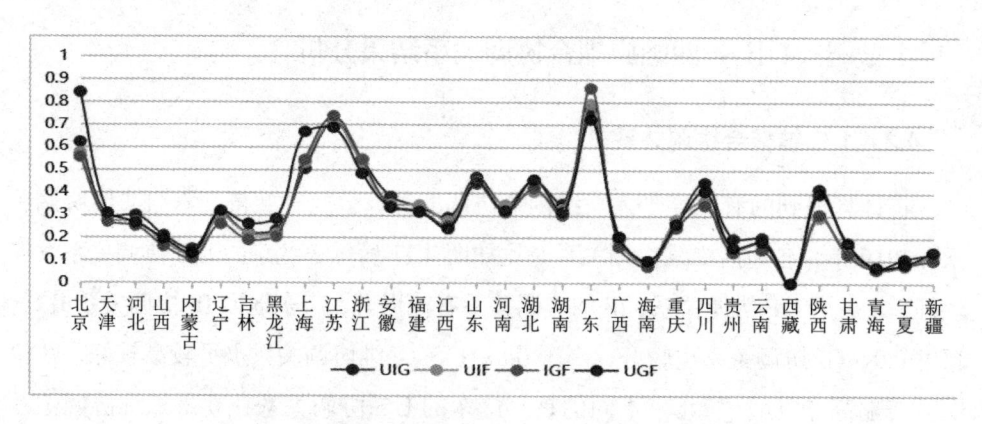

图 4.12　2019 年我国 31 个省、区、市三维协调关系对比

4.2.4.3 四维耦合协调关系

将 UIGF 四螺旋有序度带入耦合协调度测算公式，得到 UIGF 四螺旋的耦合协调度，下面对这一结果从空间分布和时间演化两个维度进行分析。

第一，空间分布维度分析。

从协调程度的分级标准来看，0.4 是协调与失调的分界点，所以在画图时以 0.2 为一阶的分界点，2019 年处在协调的地区包含广东、江苏、北京、上海、浙江、山东、湖北，其中广东 UIGF 协调度为 0.784，江苏为 0.711，北京为 0.638，上海为 0.557，浙江为 0.524，山东 0.450，湖北 0.430。其他地区为不同状态失调状态。轻度失调的区域为安徽、陕西、河南、福建、湖南。中度失调地区为辽宁、天津、河北、江西、重庆、黑龙江、吉林；严重失调区域包含广西、山西、云南、贵州、甘肃、内蒙古、新疆；其中宁夏、海南、青海、西藏四地处于极度失调状态。

第二，时间演化维度分析。

时间变化来看，2017 年和 2013 年对比，四螺旋间耦合协调等级除海南、黑龙江外，其他地区处于不变或上升趋势；而 2017—2019 年，耦合协调等级下降趋势较明显。如表 4.3 所示，UIGF 四维螺旋间协调关系随着时间演化来看，2019 年和 2013 年对比，协调程度上升 1 级的区域包含广东、浙江、湖北。协调程度下降 1 级的区域包含辽宁、天津、黑龙江、广西、山西、海南，其他区所处协调程度等级无变化。

从表 4.3 中可以进一步看出广东 2017 年协调等级为 9 级，四螺旋间处于良好协调关系。从时间变化来看，广东从 2013、2015、2017 年实现了协调等级的不断攀升，协调关系的不断改善，但从2019年和2017年两个时点的对比来看，四螺旋间协调关系又从良好协调转为了中级协调关系。

表4.3 我国31个省、区、市UIGF耦合协调度时间变化

地区	协调等级 2013	协调等级 2015	协调等级 2017	协调等级 2019	协调关系 2013	协调关系 2015	协调关系 2017	协调关系 2019
广东	7	8	9	8	初级协调	中级协调	良好协调	中级协调
江苏	8	8	8	8	中级协调	中级协调	中级协调	中级协调
北京	7	7	7	7	初级协调	初级协调	初级协调	初级协调
上海	6	6	6	6	勉强协调	勉强协调	勉强协调	勉强协调
浙江	5	6	6	6	濒临失调	勉强协调	勉强协调	勉强协调
山东	5	5	6	5	濒临失调	濒临失调	勉强协调	濒临失调
湖北	4	5	5	5	轻度失调	濒临失调	濒临失调	濒临失调
四川	4	4	4	4	轻度失调	轻度失调	轻度失调	轻度失调
安徽	4	4	4	4	轻度失调	轻度失调	轻度失调	轻度失调
陕西	4	4	4	4	轻度失调	轻度失调	轻度失调	轻度失调
河南	4	4	4	4	轻度失调	轻度失调	轻度失调	轻度失调
福建	4	4	4	4	轻度失调	轻度失调	轻度失调	轻度失调
湖南	4	4	4	4	轻度失调	轻度失调	轻度失调	轻度失调
辽宁	4	4	4	3	轻度失调	轻度失调	轻度失调	中度失调
天津	4	4	4	3	轻度失调	轻度失调	轻度失调	中度失调
河北	3	3	3	3	中度失调	中度失调	中度失调	中度失调
江西	3	3	3	3	中度失调	中度失调	中度失调	中度失调
重庆	3	3	4	3	中度失调	中度失调	轻度失调	中度失调
黑龙江	4	3	3	3	轻度失调	中度失调	中度失调	中度失调
吉林	3	3	3	3	中度失调	中度失调	中度失调	中度失调
广西	3	2	3	2	中度失调	严重失调	中度失调	严重失调
山西	3	2	3	2	中度失调	严重失调	中度失调	严重失调
云南	2	2	2	2	严重失调	严重失调	严重失调	严重失调

(续表)

地区	协调等级 2013	协调等级 2015	协调等级 2017	协调等级 2019	协调关系 2013	协调关系 2015	协调关系 2017	协调关系 2019
贵州	2	2	2	2	严重失调	严重失调	严重失调	严重失调
甘肃	2	2	2	2	严重失调	严重失调	严重失调	严重失调
内蒙古	2	2	2	2	严重失调	严重失调	严重失调	严重失调
新疆	2	2	2	2	严重失调	严重失调	严重失调	严重失调
宁夏	1	1	2	1	极度失调	极度失调	严重失调	极度失调
海南	2	1	1	1	严重失调	极度失调	极度失调	极度失调
青海	1	1	1	1	极度失调	极度失调	极度失调	极度失调
西藏	1	1	1	1	极度失调	极度失调	极度失调	极度失调

从2013—2019年，江苏四螺旋间协调等级一直为8级，协调关系为中级协调；北京四螺旋间协调等级一直为7级，处于初级协调关系；上海四螺旋间等级一直为6级，处于勉强协调关系；浙江四螺旋间协调关系从濒临失调向勉强协调转变，整体状态向好；山东四螺旋间协调关系一直处于濒临失调状态；湖北四螺旋间协调关系从轻度失调转为濒临失调，状态向好转变。

4.3 本章小结

四螺旋间耦合协调关系空间分布格局特征，2019年UIGF四螺旋四维关系协调地区包含广东、江苏、北京、上海、浙江、山东、湖北。从空间分布来看，中国的东部地区、中部地区、东北地区、西部地区的协调关系空间上呈现出阶梯形的分布，空间差异性较明显。从京津冀及长三角这两个经济带来看，京津冀区域需注意"虹吸"效应，长三角区域的集聚效应较为明显，长三角三个地区协调水平高，发展均衡。东北地区要尽快稳定所处状态，遏制下滑态势。西部地区政府的支撑、扶植的作用已经初步显现，相信随着时间积累，会产生从量变到质变的演进。

四螺旋间协同演化关系时间演化情况，UIGF四维螺旋间协调关系随着时间演化来看，2017年和2013年对比，四螺旋间耦合协调等级上升趋势明显；而

2017—2019年，耦合协调等级下降趋势较明显。广东从2013年初级协调转为中级协调，又转为良好协调，在2013—2017年实现了协调状态的不断升级，在2019年变为下降趋势，转为中级协调；江苏一直处于中级协调状态；北京一直处于初级协调；上海一直处于勉强协调；浙江从濒临失调向勉强协调转变，整体状态向好；山东一直处于濒临失调状态；湖北从轻度失调转为濒临失调，状态向好转变[70]。

5 演化动力模型构建及实证研究

区域创新生态系统演化过程中，演化动力是保障系统顺利运行，激发创新主体创新行为的关键，因此对于区域创新生态系统动力机制的研究是非常重要的。系统演化的动力机制是由推动生物进化的力量衍生而来的，是指促进系统演化的各种因素之间的相互作用。区域创新生态系演化动力是指多重主体之间的相互作用，以创新为共同目标，这个目标往往是市场的需求导向，并以此为共同的利益共享机制，多重主体有各自的作用机制，但是又存在着各种联系，这些主体的行为最终推动整个系统由无序向有序的状态演进。区域创新生态系统主体之间存在着共同目标即区域创新生态系统的演化，彼此关联又相互作用的整体力量构成了区域创新生态系统演化的动力机制。区域创新生态系统四螺旋的演化动力模型在构建中加入了国际合作动力，从科学技术推动力（TP）、市场导向动力（MP）、政府支持动力（GP）、国际合作动力（FP）四个维度构建四轮驱动机制，基于哈肯模型进行序参量及运动方程设定，选取动态面板数据进行了序参量验证分析。

5.1 演化动力模型构建

5.1.1 演化动力相关理论基础

5.1.1.1 序参量相关概念及原理

5.1.1.1.1 有序度概念

在物理学中，如果一个晶体结构中的原子或者离子在晶体中的布局没有任何规律可循，处于随机分布的状态，就成为这个晶体无序，反之则成为有序。在宇宙中也是如此，当宇宙经历了大爆炸之后处于混乱的状态，这时宇宙中的熵值就很高，前面已经介绍了宇宙中的熵，熵就是用来表述一个系统有序度的变量，它们之间的关系是反向的，即熵值越大，有序度越低；反之熵值越小，有序度越高。

本文是基于复杂系统的演化分析，因此文中将信息熵以及系统有序度思想贯穿研究的始终，对复杂系统有序度的衡量主要包含两个不同角度。一是从复杂系统演化状态综合评价角度，系统的有序度包含螺旋主体结构、创新资源、创新环境、创新绩效、开放程度的有序度。本文从这几个方面展开系统所处演化状态的综合评价。二是耦合协调度角度的有序度主要包含研发组织（U）螺旋有序度、企业螺旋（I）有序度、政府螺旋（G）有序度、国外创新组织螺旋（F）有序度、创新环境（E）有序度。

5.1.1.1.2 快变量、慢变量和序参量

快变量是指一个系统受到干扰时会转向不稳定状态。快变量试图将系统拉回到稳定状态，在这个过程快变量受到的阻力较大并且衰减速度快，被称为快变量或快弛豫变量。

慢变量是一个和快变量相对应的变量。当一个系统位于相对稳定的状态和不稳定的状态的临界点时，也就是系统达到一个阈值时，试图将系统推离相对稳定的状态，助推系统向不稳定状态演进，在这个过程中慢变量受到的阻力相对较小，并且衰减的速度较慢，所以被称为与快变量对应的慢变量或慢弛豫变量，如图5.1所示。

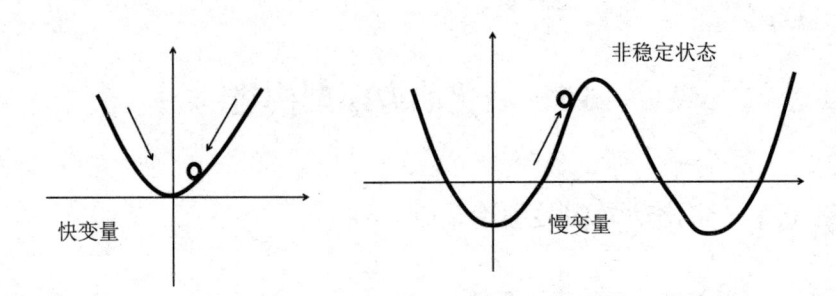

图 5.1 快变量和慢变量作用组合图

序参量是慢变量因其阻力小，衰减速度慢，最终决定一个系统的结构和性质的有序度。序参量是指在物理学中的光进化为激光的实验过程中，可以通过参量波长和频率表来判断系统的有序程度。哈肯把物理学中的序参量应用于协同学理论中。在协同学理论中序参量用来识别系统演化到有序状态，这种新状态的有序

程度可以用一个参量来表示。系统的演变过程中临界涨落时，各种动力系统相互作用，互相竞争，最终会有一种动力取得胜利，对系统的演变起着决定性作用，称为序参量。

5.1.1.1.3 支配原理

超循环理论起源于分子分裂过程的描述。这一理论认为，分子分裂过程中产生的新细胞会产生一部分的新信息，但也会保留一部分的旧信息，在这种分子不断分裂的情况下，通过遗传与变异等作用，信息会被保留和进化，最终形成新的细胞结构。从这个角度来看，超循环过程实际上是一个大的循环过程，同样也存在于自组织演变过程中，也就是说，通过系统内部各个要素之间的相互作用，会在组织稳定的情况下，促进系统新的平衡状态形成。

超循环理论提出各个要素之间的相互作用会促进系统新的平衡状态形成。那么，在一个系统中存在的众多变量或要素中，序参量就是指能决定系统的宏观运行方向，并能表现系统的有序化程度的变量。这些变量决定了系统的演化状态，通过序参量我们可以将复杂系统简单化，抓住决定系统演化的主要变量。序参量随着时间变化遵循的方程是一种非线性方程，也被称为序参量的演化方程。哈肯模型就是用来判别一个系统中的序参量，主要的方法就是应用数据分析对系统参量进行处理，并基于近似绝热原理识别系统中的序参量[77]。

支配原理也叫伺服原理，前面已经提到系统中存在快变量和慢变量，在支配原理中的表现就是系统中的慢变量决定系统的演化，快变量被慢变量所支配。一般来说系统中慢变量数量较少，快变量数量较多，所以也叫"多数服从少数"的原则。序参量并不是独立发生作用的，它是和各个子系统之间相互作用、相互竞争最后协同而产生的，对其他子系统有支配的作用。序参量在整个系统中可以支配其他子系统，决定了整个系统的演化进程。

5.1.1.2 自组织理论的提出及主要内容

5.1.1.2.1 自组织理论的提出

自组织理论主要理论基础包括耗散结构理论和协同学理论。理论演化过程：最开始提出的是系统的封闭状态，之后发展到开放系统，产生了自组织的概念。自组织理论是非线性科学和非平衡态热力学的科学融合。自组织理论内容并不是单一的，而是涵盖系统的自组织现象和规律的相关的综合理论体系。

自组织先由普利高津提出，后经哈肯进行完善发展，自组织这一概念和他组织相对应。自组织理论包含耗散结构理论和协同学理论等。诺贝尔奖获得者普利高津提出耗散结构，认为耗散结构必须具备四个特征[78]。20世纪60年代，普利高津提出自组织理论，包含了耗散结构理论、协同论、超循环论、混沌、分形、突变论等。主要用来研究复杂的系统，实现从无序到有序的演化。哈肯提出了自组织理论中的协同理论。耗散结构发展成为协同学理论，使一个系统从无序混沌的状态转变到有序状态。

5.1.1.2.2 自组织理论包含的内容

20世纪60年代到70年代之间，自组织理论逐渐达到了理论高峰期，包括普利高津的耗散结构理论和哈肯的协同学理论。

自组织理论主要包含三个内容，即耗散结构理论（Dissipative Structure）、协同学理论（synergetics）、突变论（Calastrophe Theory）。突变论是以稳定性理论为基础，认为系统的变化实质上是从旧的稳定态，经过了不稳定态，再向新的稳定态进行跃迁的过程。如果从数学角度来看，就是模型参数及其函数值发生变化的过程。该理论强调，系统的发展会面临不同的不稳定状态，当系统要素作用不发生变化，在外界环境的影响下，系统稳定性自然也会出现不可预测的变化。协同学理论已经在上一章进行阐述，本章节主要应用了自组织理论中的耗散结构理论。

5.1.1.3 耗散结构理论

耗散结构理论也是自组织理论中的内容，来自热力学理论，1969年化学家普里戈金提出该理论后，经过多年发展，已经在生物学、物理学、经济学等多个领域得到了运用。该理论认为一个不稳定且开放的系统，在其与外界存在能量、物质、信息交换的情况下会发生持续的演化，当系统积累的能量超过一定界线后，系统内的要素差异就会被放大到极限。在此情况下，系统开始从无序混乱的状态，向有序状态演变。而这种需要与外界不停进行能量、物质、信息交换从无序演变成有序状态的结构就是耗散结构。

物理学理论的"第二定律"以及"热寂说"与生物界达尔文的进化论是两种截然不同的观点，一种认为系统从有序到无序，另一种认为生物不断地进化，整个生物系统功能越来越完善，朝着有序方向发展。

普利高津提出的耗散结构理论解决这两种理论之间的矛盾。耗散结构理论扩大了系统的研究范围，将系统看成一个开放的系统，持续不断地与外界进行物质和能量的交换，这时的系统状态被称为远离平衡状态的开放系统。系统在与外界进行交互的同时，其系统内的参量也在发生着潜移默化的变化，当参量到达一个系统阈值点时，就会改变系统的状态，也就是我们所说的演化，原系统会演化为一个更稳定、更有序的新状态，这种新的状态结构，我们就称之为耗散结构。

耗散结构的稳定性并不是静止的，而是需要有外界不断进行交互，是一个不断演化的有序结构，这又与静止状态的平衡结构不同。耗散结构研究的是非平衡状态的开放系统。耗散结构具备四个特征，即开放性、远离平衡状态、涨落有序、非线性。一个系统是否具有耗散结构是系统能否运用序参量原理进行识别的基础。

综上所述，自组织理论是系统动力以及系统结构的综合理论，本文正是基于自组织的耗散结构理论、协同学理论等对区域创新生态系统演化进行研究。基于协同学理论对区域创新生态系统四螺旋的演化关系进行分析，在协同演化关系的理论构建是在三螺旋理论的基础上对三螺旋模型进行拓展。基于耗散结构及系统动力学理论对区域创新生态系统四螺旋演化动力进行识别。

5.1.2　区域创新生态系统四螺旋演化四轮驱动力

5.1.2.1 基于 WOS 演化动力信息挖掘

在 WOS 先以区域创新生态系统动力为关键词进行检索，相关文献较少，说明以区域创新系统为对象的研究相对较少。又以区域创新动力为关键词进行检索，使用的软件是 Citespace，对与主题相关的前 500 个记录进行了分析。为了分析演化动力，基于 Citespace 软件进行的关键词聚类分析，发现知识网络形成、地理集群、研发机构、区域知识系统、经济地理学、企业竞争、Malmquisit-Luenberg 指数、创新体系、区域秩序、风险认知、演化经济地理学、政府、工业体系等成为区域创新动力的重要关键词。

Citespace 软件的关键词分析结果为研究结果提供了一定的思路，但是一些分类并不准确，本文根据 Citespace 关键词聚类结果，又将同类型的关键词进行了增减和整合，通过分析共整理出各类关键词如表 5.1 所示，为后面的研究奠定了基础。通过分析发现，产业（企业）大学和研发组织类的关键词频次都非常高，关于开放经济的频次为 36。

表 5.1 关键词分类整理表

频次	关键词	类别抽取
153	公司、企业、商业、生态工业园、产业集群	产业类
137	政策、政府环境政策、科技政策、能源政策、气候变化政策、区域创新政策、创业政策	政府类
36	外国直接投资、国际化、国际贸易全球化、全球价值链、全球金融、全球生产网络	开放经济类
161	大学类、信息技术、技术创、新技术扩散、技术转让	大学—知识
122	研发组织类、教育、知识、知识创造、知识经济、知识库、知识网络、知识溢出、公共（公众）	研发、企业—技术
13	市场、消费、市场整合、新兴市场	市场类
7	创业机构、中介组织	中介组织类
107	聚集、组织间协作、网络扩散、集群演化、专业工人、人力资本、三螺旋、地理聚类、生态网络合作	其他类

Menzel M P（2008）提出区域创新与全球创新网络相互作用演化动力包含三种关键因素，即学习、连接、移动[16]。基于检索结果，其中研发组织产生的技术为其中的学习动力，政府的政策驱动为连接动力，四螺旋之间从知识到技术再到产品的动态传递过程为移动，在这个过程中包含了市场导向动力和国际合作驱动力，因此区域创新生态系统演化动力主要为四大类：第一类为以大学、研发机构以及企业为主体的科学技术类；第二类是市场导向类，主要是出于对创新利润的追求所引发的；第三类为政府的政策支持驱动，主要体现在对区域创新提供人才、资金支持并促进科技转化；第四类是来自国外创新组织的国际合作驱动力，这一动力范围较广，涵盖了与区域内的创新资源、创新主体的融合交互。

5.1.2.2 四轮驱动力初步构建

基于 Citespace 的分析结果和相关文献资料，构建了本文的区域创新生态系统动力模型，包含市场需求拉动力（用 MP 表示），科学技术推动力（用 TP 表示），政府支持动力（用 GP 表示），以及国际合作动力（用 FP 表示），共同构成区域创新生态系统的演化的动力。如果将区域创新生态系统四螺旋的演化看成是高速运行的汽车，那么四维动力就像是四个轮子，因此本文将区域创新生态系统四螺旋演化动力称为四轮驱动机制。四轮驱动力与四螺旋各个主体之间对应，共同促进区域创新生态系统创新主体的创新行为，最终成果表现为新知识、新技术和新产品，推动整个区域创新生态系统的演化。在区域创新生态系统演化过程中，区域创新生态系统演化四种动力即 MP、TP、GP 以及 FP 作用主体、作用方式以及作用结果如表 5.2 所示。

表 5.2　区域创新生态系统演化动力作用主体、方式、结果

动力	市场导向动力	政府支持动力	科学技术推动力	国际合作动力
作用主体	创新企业	政府	高校以及研发组织（企业研发部门）	F 与 UIG 合作
作用方式	创新产品导向创新产品目标市场确立	外部环境、平台支撑、提供资金支持、推动技术转移	创新知识源、创新技术应用	资源互补、研发合作动力、新产品出口
作用结果	提高产品竞争力、拓展潜在市场	营造良好演化环境、协同演化主体关系、解决演化过程中的市场失灵	为企业提供创新技术、引进创新人才、推动新产品生产	技术引进及合作为企业提供创新技术，提供创新人才、资金，提供新产品的出口市场，提供创新环境改善

5.1.2.3 序参量主导下四螺旋协同演化动力模式

由于创新主体中的政府、企业、科研机构以及国外研发组织四螺旋间存在异质性，因此，创新资源在这四个子螺旋主体间分配存在不均衡，这种差异性和不均衡性就构成了区域创新生态系统的演化动力。区域创新生态系统四螺旋的演化是四螺旋协同演化模式，四轮驱动力作用模式为序参量主导下四螺旋协同演化动力模式。三螺旋理论中主体关系模式的演化模式已经在前面理论基础上进行了说明，三螺旋理论三种模式包括：政府引导式、自由放任式、重叠式等不同的模式。基于三螺旋理论，区域创新主体协同演化不是开始就形成的，其理论演进为：政府引导模式是政府主导的合作创新过程；自由放任模式是技术主导型或者市场主导型；三螺旋重叠模式。Leydesdorff and Ivanova（2016）提出开放创新模式（OI）

和三螺旋模式 TH 都偏离了线性模型，不再是单独的技术推动或者需求拉动，而是倾向于螺旋间的交互和协同。据此，本文认为区域创新生态系统演化动力是四螺旋交叠部分产生的。序参量的主导下四螺旋协同演化动力成为推动四螺旋创新体系不断演化升级的重要动力，如表 5.3 所示。

表5.3 区域创新生态系统演化动力模式变化

不同模式	四螺旋主体	动力引擎模式	开放性
政府主导式	以政府、企业、研发组织为主体，与国外联系少（产品进出口）	政府导向	系统处在相对较封闭状态，国际合作较少
自由放任式	产学研合作，国际合作关系初步建立	技术导向（市场导向）	系统开放程度相对较高；四螺旋存在协同关系
四螺旋重叠模式	四螺旋协同演化关系良好	市场导向（四螺旋协同动力）	系统开放程度高；四螺旋协同程度高

开放经济下的区域创新生态系统演化动力模型由市场导向动力（MP）、科学技术推动力（TP）、政府支持动力（GP）以及国际合作动力（FP）共同构建。在四轮动力驱动下，区域创新生态系统向更高阶演化。区域创新生态系统演化动力如图 5.2 所示，其中科学技术是创新的源泉，高校、科研院所以及企业的研发部门通过研发行为产生了知识创新以及技术创新。科学技术创新改变了企业家行为，企业进行创新投资，改变了生产的运行方式，新产品的生产满足市场需求，最终创新企业获得利润，促进创新生态系统演进。市场需求作为创新的源泉和出发点，是区域创新生态系统演化的原动力。创新企业只有精准掌握了市场需求才能完成新产品的销售获取创新利润，完成创新流程，推动区域创新生态系统演化。政府在区域创新生态系统演化过程中，可以对区域创新给予财政支持和政策激励。所以，区域创新生态系统的演化离不开政府的支持动力。随着区域经济一体化的推进，区域创新生态系统与国际创新组织进行能量和物质交换，通过技术引进和合作研发等形式推动区域创新演化，因此将国际合作动力加入演化动力模型中。区域创新生态系统的演化动力与四螺旋各个主体之间对应，推动整个区域创新生态系统的演化。

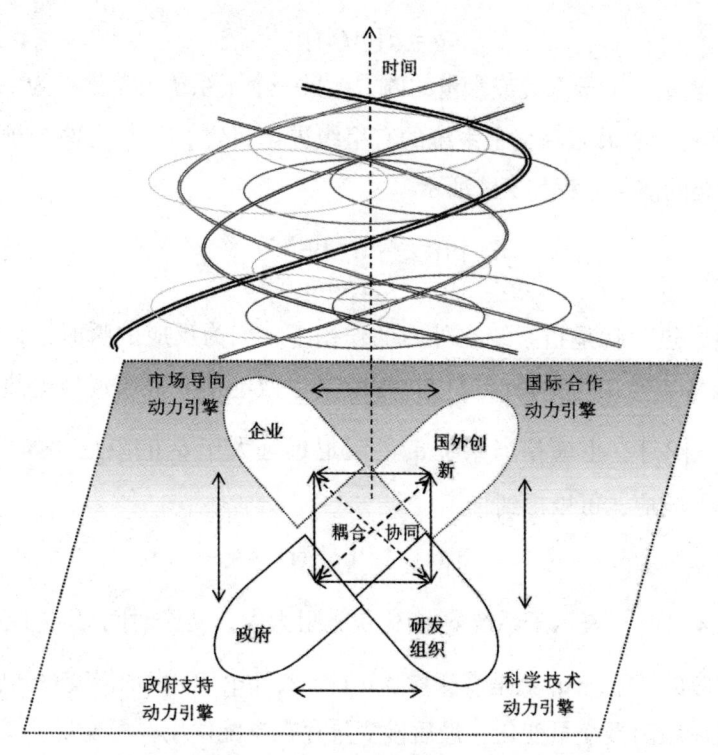

图 5.2　区域创新生态系统四螺旋演化动力作用机制

5.1.3　基于哈肯模型演化动力模型构建

5.1.3.1　哈肯模型

哈肯模型是协同学理论创始人哈肯提出的。哈肯模型就是用来判别一个系统中的序参量，主要的方法就是应用数据分析对系统参量进行处理，并基于近似绝热原理识别系统中的序参量。当一个系统远离平衡状态时，序参量的变化对整个系统的演化方向和路径起着决定性作用[79]。哈肯模型正是基于系统参量，运用消掉绝热的方法，构建演化方程，最终判断序参量。"近似绝热"就是指系统在外力的作用下，因为相应的瞬时性，子系统来不及进行能量交换的过程。在哈肯模型中通过序参量来判断系统演化的阶段和状态。

5.1.3.1.1　序参量演化方程

系统在外部因素的作用下有组织地进化、演化，可以用下面的公式表示，其中 q 为系统的状态变量，F 为外部的作用力：

$$\dot{q} = F[q(t), t] \quad (5.1)$$

假设 q_1 表示一个子系统或参量的内力,另一个子系统及参量设为 q_2,被这个内力 q_1 所控制,如果为两个子系统的有组织进化演化,γ_1、γ_2 为两个子系统的阻尼系数,系统的演化方程如下式所示:

$$\begin{cases} \dot{q}_1 = -\lambda_1 q_1 - aq_1 * q_2 \\ \dot{q}_2 = -\lambda_2 q_2 - bq_1^2 \end{cases} \quad (5.2)$$

"近似绝热"就是指系统在外力的作用下,因为反应的瞬时性,子系统来不及进行能量交换,这种瞬时反应过程就是近似绝热。根据近似绝热原理,当 $\lambda_2 > 0$,$\lambda_2 \gg |\lambda_1|$,也就是当系统 q_2 的阻尼远远大于 q_1 的阻尼,如果令 $\dot{q}_2 = 0$,q_1 瞬时来不及响应,可以得到

$$q_2(t) = \lambda_2^{-1} b q_1^2(t) \quad (5.3)$$

$\lambda_2 \gg |\lambda_1|$ 时,表示子系统 q_2 变化快(阻力大,驰豫时间短),此时 q_2 就是快变量,相应的子系统 q_1 就是慢变量,$q_2(t) = \lambda_2^{-1} b q_1^2(t)$ 表示慢变量驾驭快变量,也就是快变量跟随慢变量变化,最后慢变量存在支配偶用,慢变量就被称为序参量。q_1 为序参量,进而得出序参量演化方程,系统的演化方程为:

$$\dot{q}_1 = -\lambda_1 q_1 - \left(\frac{ab}{\lambda_2}\right) q_1^3 \quad (5.4)$$

通常情况下,需要对哈肯模型进行离散化处理,演化后得到的系统演化方程为:

$$q_1(t) = (1-\lambda_1) q_1(t-1) - aq_1(t-1) q_2(t-1) \quad (5.5)$$

$$q_2(t) = (1-\lambda_2) q_2(t-1) + bq_1^2(t-1) \quad (5.6)$$

5.1.3.1.2 势函数

物理学中因为物体位置的改变会产生势能。势函数就是用来判别系统是否处在一种相对的稳定状态,哈肯基于此通过对系统演化方程以及序参量求出势函数,来判断系统所处的状态。

对 q_1 的相反数积分可以求得系统的势函数,就可以判断系统所处状态

$$v = \frac{1}{2}\lambda_1 q_1^2 - \frac{ab}{4\lambda_2} q_1^4 \quad (5.7)$$

势平衡点由 $q_1^{\cdot}=0$ 来确定。

可以用物理中粒子在山坡的运动来类比，当上面方程中的系数符号的乘积为正数的时候，也就是当 $a\cdot b\cdot\lambda_1\cdot\lambda_2$ 的符号为正时，方程存在着一个且只有一个解 $q_1^{\cdot}=0$ 如下图所示，粒子在山坡的运动轨迹的终点都会回到稳定点 E 点，而系统的状态由其与平衡点 E 之间的距离来确定。

第二种情况：当 $a\cdot b\cdot\lambda_1\cdot\lambda_2$ 符号为负时，方程存在三个解，分别为 q_1^*、q_1^{**}、q_1^{***}。

$$q_1^{\cdot}=0$$

$$q_1^{**}=\sqrt{\left|\frac{2\lambda_1\lambda_2}{ab}\right|} \quad (5.8)$$

$$q_1^{***}=-\sqrt{\left|\frac{2\lambda_1\lambda_2}{ab}\right|} \quad (5.9)$$

此时，通过图 5.3 可以看出 E 点不再是稳定点，稳定点变为 E_1、E_2，粒子在山坡的运动轨迹的终点都会回到稳定点 E_1、E_2 点，系统上任一点的状态由它与 E_1、E_2 的距离来决定[78]。

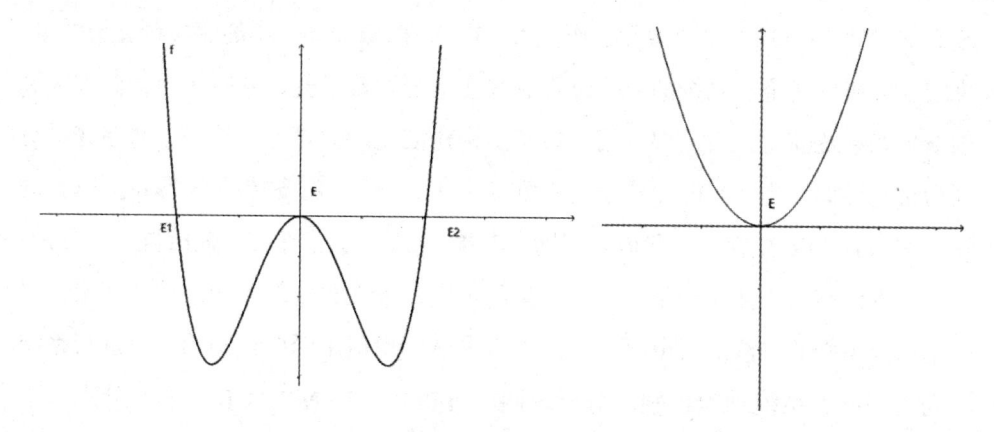

（a）唯一稳定解的势函数图形；（b）多个稳定解的势函数图形
资料来源：刘莹（2014）基于哈肯模型的我国区域经济协同发展驱动机制研究[79]

图 5.3　势函数图形

5.1.3.2　自组织特征说明

运用哈肯模型要求系统要满足自组织系统的四个特征。自组织理论是关于非线性数学关系的一种理论，自组织是一个系统在动力机制驱动下，持续不断的与外界交换能量，从而使信息熵的水平不断下降，有序度不断增加，即从无序到有序的演变的过程。

在理论框架构建章节中，已经具体分析了区域创新生态系统四螺旋演化四个特征，即开放性、演化具有非线性、远离平衡状态、有涨有落。在开放经济下，区域创新生态系统的边界也被打破，与外部进行能量交换，因此是一个开放的系统；区域创新生态系统四螺旋主体螺旋呈现差异化，因此其演化过程并不是线性，而是具有非线性特征；子螺旋间的差异和协同演化关系推动系统走向非平衡状态；区域创新生态系统状态会随着时间的推移，在驱动力作用下不断演化，有涨有落。因此可以认为，区域创新生态系统具有自组织特征，可以运用哈肯模型进行实证分析。

5.1.3.3 运用哈肯模型演化动力理论模型构建

区域创新生态系统四螺旋演化动力众多，前面我们已经基于 WOS 进行了信息挖掘，筛选了四个动力，分别为市场导向动力（MP）、科学技术推动力（TP）、政府支持动力（GP）以及国际合作动力（FP），这四个动力中的序参量（慢变量）决定了区域创新生态系统的演化过程。快变量会随着慢变量共同作用，促进区域创新生态系统演化，下面根据哈肯模型来构建演化动力模型。首先，状态变量分别为市场导向动力（MP）、科学技术推动力（TP）、政府支持动力（GP）以及国际合作动力（FP），在这里我们要判别序参量，然后再进行验证，最后得出序参量。

哈肯模型用于两个变量之间序参量的识别，本文共选取了四个动力变量，可以用两两识别的方法进行分析。之前的很多学者也运用两两识别的方法进行系统协同发展或者系统动力识别的分析。两两分析是 TP、MP、GP、FP 中分别选取两个变量应用模型假设判别序参量，一次两个变量进行分析，共包含了 6 次序参量识别（12 个假设）。假设及运动方程构建如表 5.4 所示。

表 5.4 基于哈肯模型序参量假设及运动方程设定

序号	模型假设	运动方程设定
1	q_1=FP q_2=GP	$FP(t) = (1-\lambda_1)\ FP(t-1) - aFP(t-1)GP(t-1)$ $GP(t) = (1-\lambda_2)\ GP(t-1) + bFP^2(t-1)$
2	q_1=GP q_2=FP	$GP(t) = (1-\lambda_1)\ GP(t-1) - aGP(t-1)FP(t-1)$ $FP(t) = (1-\lambda_2)\ FP(t-1) + bGP^2(t-1)$
3	q_1=FP q_2=TP	$FP(t) = (1-\lambda_1)\ FP(t-1) - aFP(t-1)TP(t-1)$ $TP(t) = (1-\lambda_2)\ TP(t-1) + bFP^2(t-1)$
4	q_1=TP q_2=FP	$TP(t) = (1-\lambda_1)\ TP(t-1) - aTP(t-1)FP(t-1)$ $FP(t) = (1-\lambda_2)\ FP(t-1) + bTP^2(t-1)$
5	q_1=FP q_2=MP	$FP(t) = (1-\lambda_1)\ FP(t-1) - aFP(t-1)MP(t-1)$ $MP(t) = (1-\lambda_2)\ MP(t-1) + bFP^2(t-1)$
6	q_1=MP q_2=FP	$MP(t) = (1-\lambda_1)\ MP(t-1) - aMP(t-1)FP(t-1)$ $FP(t) = (1-\lambda_2)\ FP(t-1) + bMP^2(t-1)$
7	q_1=GP q_2=MP	$GP(t) = (1-\lambda_1)\ GP(t-1) - aGP(t-1)MP(t-1)$ $MP(t) = (1-\lambda_2)\ MP(t-1) + bGP^2(t-1)$
8	q_1=MP q_2=GP	$MP(t) = (1-\lambda_1)\ MP(t-1) - aMP(t-1)GP(t-1)$ $GP(t) = (1-\lambda_2)\ GP(t-1) + bMP^2(t-1)$
9	q_1=MP q_2=TP	$MP(t) = (1-\lambda_1)\ MP(t-1) - aMP(t-1)TP(t-1)$ $TP(t) = (1-\lambda_2)\ TP(t-1) + bMP^2(t-1)$
10	q_1=TP q_2=MP	$TP(t) = (1-\lambda_1)\ TP(t-1) - aTP(t-1)MP(t-1)$ $MP(t) = (1-\lambda_2)\ MP(t-1) + bTP^2(t-1)$
11	q_1=TP q_2=GP	$TP(t) = (1-\lambda_1)\ TP(t-1) - aTP(t-1)GP(t-1)$ $GP(t) = (1-\lambda_2)\ GP(t-1) + bTP^2(t-1)$
12	q_1=GP q_2=TP	$GP(t) = (1-\lambda_1)\ GP(t-1) - aGP(t-1)TP(t-1)$ $TP(t) = (1-\lambda_2)\ TP(t-1) + bGP^2(t-1)$

5.1.4 演化动力模型指标体系构建

5.1.4.1 演化动力模型构建

科学技术是创新的源泉，高校、科研院所、企业的研发部门通过研发行为产生了知识创新以及技术创新。科学技术创新改变了企业家行为，企业进行创新投资改变了生产的运行方式，新产品的生产满足市场需求，最终创新企业获得利润，促进创新生态系统演进。市场需求作为创新的源泉和出发点，是区域创新生态系统演化的原动力。创新企业只有精准掌握了市场需求才能完成新产品的销售获取创新利润，完成创新流程，推动区域创新生态系统演化。政府在区域创新生态系统演化过程中，可以对区域创新给予财政支持和政策激励。所以，区域创新生态系统的演化离不开政府的支持动力。随着区域经济一体化的推进，区域创新生态系统与国际创新组织进行能量和物质交换，通过技术引进和合作研发等形式推动区域创新演化，因此将国际合作动力加入演化动力模型中。区域创新生态系统的演化动力与四螺旋各个主体之间对应，推动整个区域创新生态系统的演化。区域创新生态系统演化动力如图5.4所示，开放经济下的区域创新生态系统演化动力模型由市场需求市场导向拉动力、科学技术推动力、政府支持动力以及国际合作动力共同构建。

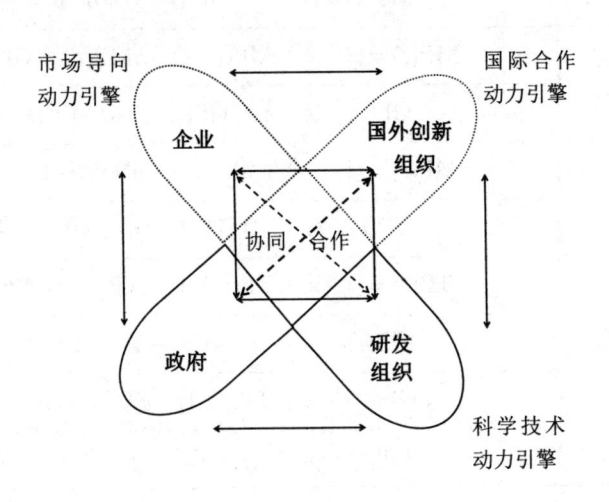

图 5.4 区域创新生态系统演化动力

5.1.4.2 变量的选取和数据来源

从科学技术推动力（TP）、市场导向动力（MP）和政府支持动力（GP）以及国际合作动力（FP）四个层次构建了区域创新生态系统演化动力模型，鉴于数据的可获得性及重要性，四动力所对应的观测指标如表 5.5 所示。所有指标除了基于文献资料总结，均来源于国家科技统计网站区域创新能力监测指标体系和《中国科技统计年鉴》，具有一定的代表性。

表 5.5　区域创新生态系统四螺旋动力指标体系

动力指标	观测指标	经济意义	指标来源
科学技术推动力 TP	专利申请授权量	应用技术原创成果	科技统计年鉴 国家科技统计网站 区域创新能力监测指标体系
政府支持动力 GP	地方财政科学技术支出	政府财政支持	国家统计局网站 国家科技统计网站 区域创新能力监测指标体系
市场导向动力 MP	高技术产业新产品销售收入	市场对新产品的需求	科技统计年鉴 国家科技统计网站 区域创新能力监测指标体系
国际合作动力 FP	国外引进技术合同金额(万美元)	国际合作技术、资源等支持	科技统计年鉴 国家科技统计网站 区域创新能力监测指标体系

选取了 2013—2019 年我国 30 个省（市）的面板数据进行演化动力的实证分析，因为面板数据可以扩大样本容量和自由度，同时又可以减少数据的内生性和共线性[79]。为了使参数估计结果更加准确有效，考虑到数据的缺失和可获取性等问题，数据选取不包含西藏及港澳台地区。涉及的相关指标有四个：专利申请授权量（TP）、地方财政科学技术支出（GP）、高技术产业新产品销售收入（MP）、国外引进技术合同金额（FP），时间跨度为 7 年，最终总数据量为 840 个。数据来源于 2014 年到 2020 年的《中国科技统计年鉴》《中国统计年鉴》。

5.2 演化动力实证分析

根据前面构建的区域创新生态系统演化动力模型,对科学技术推动力、市场导向动力、政府支持动力以及国际合作动力四个动力中的序参量进行识别,希望通过实证分析能更进一步明晰现阶段区域创新生态系统演化过程起关键作用的动力。在进行广义矩估计之前需要对数据的平稳性和协整性进行检验。

5.2.1 单位根（ADF）检验

为了保证结果的有效性,避免面板数据的虚假回归问题,首先对文章收集到的面板数据进行了单位根（ADF）检验。对 TP、MP、GP、FP 单位根（ADF）检验过程中,运用了 LLC 检验,原数据的 LLC 指数可以看出原数据是平稳的,但是 Im, Pesaran and Shin W-stat 、ADF-Fisher Chi-square 和 PP-Fisher Chi-square 三个指标的检测结果都显示：在 5% 的置信区间接受面数据非平稳的原假设。因此接下来进行一阶差分后的单位根检验。

表 5.6 原序列单位根检验结果

方法	统计值	P 值	观测变量
Levin, Lin & Chu t	−17.0549	0.0000	720
Im, Pesaran and Shin W-stat	3.1010	0.9990	720
ADF - Fisher Chi-square	205.9390	0.9457	720
PP - Fisher Chi-square	261.8150	0.1593	720

一阶差分后的面板数据进行了单位根检验,检验结果如表 5.7 所示：LLC, Im Pesaran and Shin W-stat 、ADF-Fisher Chi-square PP-Fisher Chi-square 几种检验方法的结果都表明,在 5% 的置信区间,拒绝面板数据非平稳的假设,表明一阶差分后为平稳面板数据。可以进行后面的分析。

表 5.7 一阶差分后单位根检验结果

方法	统计值	P 值	观测变量
Levin, Lin & Chu t	−33.9302	0.0000	600
Im, Pesaran and Shin W-stat	−6.8507	0.0000	600

（续表）

方法	统计值	P 值	观测变量
ADF-Fisher Chi-square	439.8700	0.0000	600
PP-Fisher Chi-square	565.2420	0.0000	600

5.2.2 协整检验

因为单位根检验结果显示，面板数据为一阶平稳数据，那么四个变量之间，两两组合之后的协整关系如何需要进行进一步的验证。接下来要进行面板的协整检验，对 TP、MP、GP 及 FP 进行两两协整检验，文章采用 pedroni 检验两种方式来进行检验。

TP 和 GP 的面板协整检验结果如表 5.8 所示，由检验结果可以看出，Group rho-Statistic 群 rho 统计量的结果除外，结果显示 pedroni 协整检验的 7 个统计量中，大部分拒绝原假设，pedroni ADF 也拒绝不存在协整关系原假设，不能拒绝二者存在协整关系。根据以上的检验结果，可以看出 TP 和 GP 之间存在着协整关系。

表 5.8 TP 和 GP 的面板协整检验结果

检验方式	统计量	Statistic	Prob.
pedroni 检验	Panel v-Statistic	2.7852	0.0027
	Panel rho-Statistic	−0.1723	0.4316
	Panel PP-Statistic	−5.1686	0.0000
	Panel ADF-Statistic	−4.6257	0.0000
	Group rho-Statistic	3.2955	0.9995
	Group PP-Statistic	−3.7507	0.0001
	Group ADF-Statistic	−3.6078	0.0002

TP 和 MP 的检验结果如表 5.9 所示，pedroni 检验，Panel ADF 与 Group ADF 的概率都小于 5%，结果表明在 5% 的置信区间下，拒绝原假设不存在协整关系，所以 MP 和 TP 之间也存在着协整关系。

表 5.9　MP 与 TP 面板协整检验

检验方式	统计量	统计量值	Prob.
pedroni 检验	Panel v-Statistic	0.113842	0.4547
	Panel rho-Statistic	0.989329	0.8387
	Panel PP-Statistic	-3.606599	0.0002
	Panel ADF-Statistic	-3.184957	0.0007
	Group rho-Statistic	1.994519	0.9770
	Group PP-Statistic	-7.450601	0.0000
	Group ADF-Statistic	-3.892449	0.0000

同理，如表 5.10 到表 5.13 结果所示，TP 与 FP、GP 与 FP、MP 与 FP、MP 与 GP 之间也均存在协整关系。

表 5.10　FP 与 TP 面板协整检验结果

检验方式	统计量	统计量值	P 值
pedroni 检验	Panel v-Statistic	1.2635	0.1032
	Panel rho-Statistic	-0.3530	0.3621
	Panel PP-Statistic	-5.7901	0.0000
	Panel ADF-Statistic	-8.1161	0.0000
	Group rho-Statistic	2.3805	0.9914
	Group PP-Statistic	-10.4564	0.0000
	Group ADF-Statistic	-10.0221	0.0000

表 5.11　FP 与 GP 面板协整检验结果

检验方式	统计量	统计量值	P 值
pedroni 检验	Panel v-Statistic	1.426250	0.0769
	Panel rho-Statistic	0.123880	0.5493
	Panel PP-Statistic	-5.235575	0.0000
	Panel ADF-Statistic	-6.733130	0.0000
	Group rho-Statistic	2.133496	0.9836
	Group PP-Statistic	-7.115333	0.0000
	Group ADF-Statistic	-4.945101	0.0000

表 5.12 FP 与 MP 面板协整检验结果

检验方式	统计量	统计量值	Prob.
pedroni 检验	Panel v-Statistic	0.8766	0.1904
	Panel rho-Statistic	-0.1818	0.4279
	Panel PP-Statistic	-7.0431	0.0000
	Panel ADF-Statistic	-10.1798	0.0000
	Group rho-Statistic	2.7343	0.9969
	Group PP-Statistic	-7.2684	0.0000
	Group ADF-Statistic	-6.6746	0.0000

表 5.13 MP 与 GP 面板协整检验结果

检验方式	统计量	统计量值	Prob.
pedroni 检验	Panel v-Statistic	2.3821	0.0086
	Panel rho-Statistic	0.2351	0.5929
	Panel PP-Statistic	-6.6770	0.0000
	Panel ADF-Statistic	-6.1882	0.0000
	Group rho-Statistic	2.8240	0.9976
	Group PP-Statistic	-6.8826	0.0000
	Group ADF-Statistic	-5.9413	0.0000

5.2.3 演化动力序参量验证识别

5.2.3.1 GMM 估计

哈肯模型中运动方程含有滞后项变量，具有经济学中的动态性特征，文章选取的数据为面板数据。Hsiao（2003）介绍了面板数据广义矩估计（GMM）的方法。GMM 的应用范围比较广，可以放宽对数据的要求，可以处理异方差和自相关问题[80]。根据哈肯运动方程动态面板数据的特征，采用 GMM 估计方法，运用 Eviews10 进行了实际的操作。演化动力变量之间两两分析后，结果如表 5.14 所示。

表5.14 哈肯模型参数估计及检验结果

序号	模型假设	运动方程	显著性 t-Statistic	Prob.	参数估计结果	检验	
1	q_1=FP q_2=GP	$q_1(t)= 0.110049q_1(t-1)+0.000294q_1(t-1)q_2(t-1)$	11.381	0.000	λ_1=0.889951	J-statistic	10.656
			8.152	0.000	a=-0.000294	Prob(J-statistic)	0.640
		$q_2(t)=1.010979q_2(t-1)-0.00000000031q_1(t-1)q_1(t-1)$	93.664	0.000	λ_2=-0.010979	J-statistic	12.136
			-65.144	0.000	b=-3.1E-10	Prob(J-statistic)	0.516
2	q_1=GP q_2=FP	$q_1(t)= 1.342646q_1(t-1)-6.43E-07q_1(t-1)q_2(t-1)$	221.948	0.000	λ_1=-0.342646	J-statistic	14.913
			-108.120	0.000	a=6.4E-07	Prob(J-statistic)	0.313
		$q_2(t)=0.215397q_2(t-1)+0.1534711q_1(t-1)q_1(t-1)$	17.873	0.000	λ_2=0.784603	J-statistic	10.145
			12.848	0.000	b=0.153471	Prob(J-statistic)	0.682
3	q_1=FP q_2=TP	$q_1(t)=0.11013q_1(t-1)+3.90E-07q_1(t-1)q_2(t-1)$	12.767	0.000	λ_1=0.88987	J-statistic	10.758
			8.535	0.000	a=-3.9E-07	Prob(J-statistic)	0.631
		$q_2(t)=0.91251q_2(t-1)-1.71E-08q_1(t-1)q_1(t-1)$	135.292	0.000	λ_2=0.08749	J-statistic	15.105
			-4.476	0.000	b=-1.7E-08	Prob(J-statistic)	0.301
4	q_1=TP q_2=FP	$q_1(t)= 0.935008q_1(t-1)-5.74E-08q_1(t-1)q_2(t-1)$	116.661	0.000	λ_1=0.064992	J-statistic	15.390
			-7.499	0.000	a=5.74E-08	Prob(J-statistic)	0.284
		$q_2(t)=0.222944q_2(t-1)-2.53E-07q_1(t-1)q_1(t-1)$	16.187	0.000	λ_2=0.777056	J-statistic	10.188
			13.214	0.000	b=2.53E-07	Prob(J-statistic)	0.678
5	q_1=FP q_2=MP	$q_1(t)=0.118469q_1(t-1)+9.75E-10q_1(t-1)q_2(t-1)$	8.832	0.000	λ_1=0.881531	J-statistic	11.213
			3.503	0.001	a=-9.75E-10	Prob(J-statistic)	0.593
		$q_2(t)=0.952106q_2(t-1)+2.02E-05q_1(t-1)q_1(t-1)$	190.455	0.000	λ_2=0.047894	J-statistic	16.216
			55.339	0.000	b=0.0000202	Prob(J-statistic)	0.238
6	q_1=MP q_2=FP	$q_1(t)= 0.768415q_1(t-1)+3.37E-07q_1(t-1)q_2(t-1)$	181.437	0.000	λ_1=0.231585	J-statistic	15.731
			33.176	0.000	a=-3.37E-07	Prob(J-statistic)	0.264
		$q_2(t)=0.113898q_2(t-1)+3.45E-13q_1(t-1)q_1(t-1)$	6.696	0.000	λ_2=0.886102	J-statistic	10.351
			0.821	0.413	b=3.45E-13	Prob(J-statistic)	0.665
7	q_1=GP q_2=MP	$q_1(t)= 1.298362(t-1)-1.15E-09q_1(t-1)q_2(t-1)$	87.670	0.000	λ_1=-0.298362	J-statistic	7.981
			-19.590	0.000	a=1.15E-09	Prob(J-statistic)	0.845
		$q_2(t)=0.988713q_2(t-1)-8.694093q_1(t-1)q_1(t-1)$	155.516	0.000	λ_2=0.011287	J-statistic	16.638
			-10.952	0.000	b=-8.694093	Prob(J-statistic)	0.216

（续表）

序号	模型假设	运动方程	显著性 t-Statistic	Prob.	参数估计结果	检验	
8	q_1=MP q_2=GP	$q_1(t)=1.0055146q_1(t-1)-0.0000576q_1(t-1)q_2(t-1)$	107.731	0.000	λ_1=-0.005514	J-statistic	16.229
			-8.932	0.000	a=0.0000576	Prob(J-statistic)	0.237
		$q_2(t)=1.17329q_2(t-1)-2.73\text{E}-15q_1(t-1)q_1(t-1)$	42.570	0.000	λ_2=-0.17329	J-statistic	12.421
			-12.315	0.000	b=-2.73E-15	Prob(J-statistic)	0.493
9	q_1=MP q_2=TP	$q_1(t)=1.233366q_1(t-1)-2.97\text{E}-07q_1(t-1)q_2(t-1)$	93.062	0.000	λ_1=-0.233366	J-statistic	15.040
			-26.820	0.000	a=2.7E-07	Prob(J-statistic)	0.305
		$q_2(t)=0.57269q_2(t-1)+8.69\text{E}-12q_1(t-1)q_1(t-1)$	35.413	0.000	λ_2=0.42731	J-statistic	16.694
			14.299	0.000	b=8.69E-12	Prob(J-statistic)	0.214
10	q_1=TP q_2=MP	$q_1(t)=0.828942q_1(t-1)+5.21\text{E}-10q_1(t-1)q_2(t-1)$	45.423	0.000	λ_1=0.171058	J-statistic	14.393
			3.458	0.001	a=-5.21E-10	Prob(J-statistic)	0.347
		$q_2(t)=1.2047q_2(t-1)-0.0000599q_1(t-1)q_1(t-1)$	120.688	0.000	λ_2=-0.2047	J-statistic	15.552
			-38.891	0.000	b=-0.0000599	Prob(J-statistic)	0.274
11	q_1=TP q_2=GP	$q_1(t)=1.037509q_1(t-1)-0.00012q_1(t-1)q_2(t-1)$	33.086	0.000	λ_1=-0.037509	J-statistic	16.232
			-3.890	0.000	a=0.00012	Prob(J-statistic)	0.237
		$q_2(t)=1.224708q_2(t-1)-2.33\text{E}-10q_1(t-1)q_1(t-1)$	46.649	0.000	λ_2=-0.224708	J-statistic	10.571
			-16.130	0.000	b=-2.33E-10	Prob(J-statistic)	0.647
12	q_1=GP q_2=TP	$q_1(t)=1.310544q_1(t-1)-2.79\text{E}-07q_1(t-1)q_2(t-1)$	51.053	0.000	λ_1=-0.310544	J-statistic	8.627
			-32.089	0.000	a=2.79E-07	Prob(J-statistic)	0.800
		$q_2(t)=0.758364q_2(t-1)+0.122365q_1(t-1)q_1(t-1)$	31.189	0.000	λ_2=0.241636	J-statistic	15.498
			6.130	0.000	b=0.122365	Prob(J-statistic)	0.277

5.2.3.2 实证结果分析

从估计结果的显著性看，除模型6外，其余方程参数估计效果显著，模型6中参数b估计不显著。从J统计量看，模型的拟合效果都较好，没有过度识别的现象。从系统系统绝热原理来看，满足系统绝热的模型有2、4、6、8、9、11。因此通过实证结果来看，满足拟合效果好，估计结果具有显著性，以及满足系统绝热原理的模型有模型2、4、8、9、11。综合所有结果来看，四个动力的最终排序为 MP、TP、GP、FP，因此我国的区域创新生态系统的动力序参量（慢变量）为 MP，TP、GP、FP 为快变量。

市场导向动力为区域创新生态系统演化的序参量。这个结果主要是因为市场主导对创新主要强调市场的需求，利益驱动对企业的创新行为起到了重要作用，这种行为通常作为企业将进行破坏性创新的前提和基础。技术支持动力排在第二位，政府支持力在动力体系中排在第三位，国际合作动力排在第四位。模型 9 中 α 为正值，也说明了现阶段技术支持动力（TP）并未对新产品的销售发挥应有的推动作用，也体现了目前技术推动力的相对不足；在模型 11 中 α 为正值，说明政府支持动力未能对系统演化起到正向作用，说明目前政府区域创新支持动力有待加强；从模型 6 来看，α 为负值，这也说明现阶段国外技术引进对区域创新生态系统演化起到了正向推动作用，但效果并不大，也说明我国技术引进存在着短板，需要提升。

5.2.3.3 势函数求解及拟合

将估计的参数带入到公式中，得到区域创新生态系统演化方程为式

$$\dot{q}_1 = -\lambda_1 q_1 - \left(\frac{ab}{\lambda_2}\right) q_1^3 \qquad (5.10)$$

$$\dot{q}_1 = 0.233366 q_1 - 5.69\text{E-}18 q_1^3$$

将求得的参数带入到势函数公式中，得到的势函数为式

$$v = \frac{1}{2}\lambda_1 q_1^2 + \frac{ab}{4\lambda_2} q_1^4 \qquad (5.11)$$

势函数求解为 $v = -0.116683 q_1^2 + 1.42356\text{E-}18 q_1^4$

稳定解有三个：$q_1^* = 0$；$q_1^{**} = 286296746.9$；$q_1^{***} = -286296746.9$

根据上式绘制区域创新生态系统演化势函数拟合图如图 5.5 所示。通过哈肯模型的分析可以得出区域创新生态系统演化动力序参量为市场导向动力，势函数的求解可以看出区域创新生态系统的演化方向，市场导向动力会引起区域创新生态系统从不稳定状态向稳定状态的演化，会引起势函数的变化。

势函数的拟合图所示：从结果可以看出市场导向动力、政府支持动力、科技

支持动力以及国际合作动力对区域创新生态系统演化推动起到了非零作用，促进了区域创新生态系统演化，构成了新的有序结构。

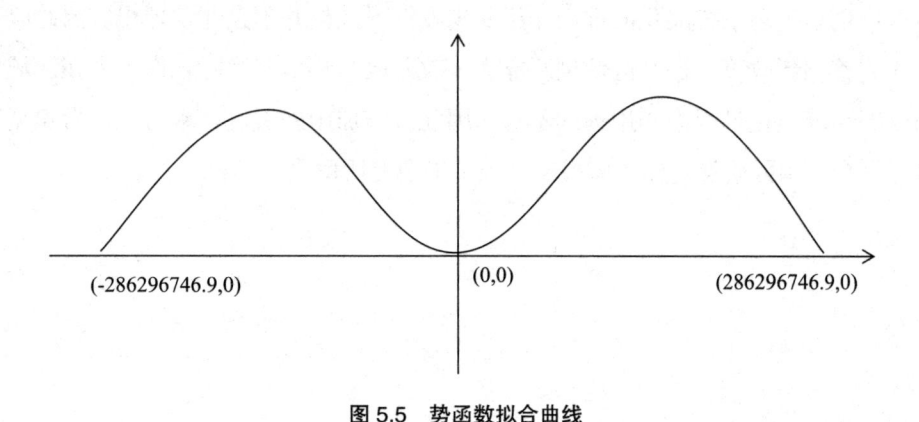

图 5.5 势函数拟合曲线

5.3 本章小结

通过序参量识别，明晰了现阶段区域创新生态系统的演化的序参量为市场导向动力，明晰了现阶段国家财政支持动力是区域创新生态系统的演化的序参量为市场导向动力，而科学技术推动力、政府支持动力以及国外研发国际合作动力是区域创新生态系统演化的快变量。这个结果主要是因为市场主导对创新主要强调市场的需求，利益驱动对企业的创新行为起到了重要作用，这种行为通常作为企业将进行破坏性创新的前提和基础。总之在区域创新生态系统演化过程中，需要四个动力协同合作，促进区域创新生态系统演化。

从实证分析结果看，创新市场的导向是区域创新生态系统演化动力中的序参量，为促进区域创新生态系统向高阶演化，应该进一步发挥市场动向的动力作用，可从完善国内国际市场着手，进一步扩大市场对新产品的需求导向作用。从实证分析结果来看，科学技术推动力落后于市场导向。而科学技术推动力落后于市场导向，并且一定程度上成为区域创新生态系统朝着有序的方向演化的阻力，区域创新离不开科学技术的助力，但从分析结果来看，科学技术的推动作用并未体现充分发挥，说明区域的研发能力和科技转化能力都有待增强。其原因可能是现阶段我国知识产权保护制度不完善导致科技创新和研发源动力的不足。另外，由于科技中介的缺乏，影响了创新资源的配置效率、主体间协作配合。要发挥好科学技术推动力，要培育科技中介机构组织，加强知识产权的保护。政府支持动力对区域创新生态系统演化的推动作用并未发挥，效果并不是非常理想。因此应进一步完善创新政策，提升区域创新能力，改善政策环境。国际合作动力在区域创新生态系统演化过程中作用远远不够，因此应增加国外引进技术力度，搭建创新合作平台，国际研发合作还应根据区域不平衡有所侧重[81]。

6 结论及展望

6.1 研究结论

6.1.1 四螺旋间协同演化关系

总体来看，国外创新组织已逐步与其他螺旋间建立协同演化关系。从二维协同关系来看，U、I、G 三螺旋与 F 之间的协同关系已经建立，其中 UF 协同程度较高；从三维来看，UGF 协同程度较高；从 UIGF 四维协同关系来看，广东，江苏、北京、上海、浙江、山东、湖北都处在协调状态。

从二维关系来看，UG 之间的协调关系最好，UI 排在第二位，第三位是 UF，之后是 GI、GF、IF，说明目前大学和国外创新组织之间协调关系最好，企业和国外创新组织之间的协调关系相对较差。从三维关系来看，三维关系 UIG 协调程度最高，第二位是 UGF，之后依次是 UIF、IGF。结果显示，目前三维关系中 IGF 协调度需要提升，也说明技术转移环节效率有待进一步提升。从 UIGF 四维关系来看，2019 年 UIGF 四螺旋四维关系协调地区包含广东、江苏、北京、上海、浙江、山东、湖北。从空间分布来看，中国的东部地区、中部地区、东北地区、西部地区的协调关系空间上呈现出阶梯形的分布，空间差异性较明显。西部地区政府的支撑、扶植的作用已经初步显现，相信随着时间积累，会产生从量变到质变的演进。UIGF 四螺旋间协同关系时间演化情况，从整体上看，2013—2017 年呈上升趋势，2017—2019 年有所下降。

6.1.2 区域创新生态系统四螺旋演化动力识别结论

基于哈肯模型构建演化动力模型，通过序参量识别，得出结论：序参量都是市场需求动力（MP），也即市场导向动力决定区域创新生态系统演化的方向。明晰了现阶段创新市场导向的动力是区域创新生态系统的演化的序参量，科学技术推动力以及国外研发合作动力是区域创新生态系统演化的快变量。说明现阶段利益驱动对企业的创新行为起到了重要作用，这种利润导向行为通常作为企业产品创新的前提和基础。

6.2 理论贡献及实践启示

6.2.1 理论贡献

6.2.1.1 加入国外创新组织构建四螺旋理论模型，为区域创新生态系统演化问题提供了新的视角

通过文献梳理分析发现开放经通过经济制度嵌入路径、技术溢出路径、集聚衍生路径及多主体协同合作路径，影响区域创新生态系统演化。因此，本文将开放经济引入区域创新生态系统演化过程中，构建四螺旋模型，以开放经济视角下区域创新生态系统演化为研究对象展开研究，旨在在开放经济的视角下提升区域创新生态系统的演化效率，研发市场所需要的科学技术，增加企业的创新产出，进而推动区域创新水平，完善区域创新系统。开放经济的加入，突破了传统的区域边界或者企业边界，拓展了区域创新生态系统的范围，在动态演化过程中加入了国外创新组织这一螺旋，对三螺旋模型进行了拓展，形成了加入国外创新组织的四螺旋模型。并基于四螺旋模型构建了区域创新生态系统演化理论模型，从理论层面上阐明了区域创新生态系统四螺旋演化问题，为区域创新生态系统的演化问题提供了新的视角。

6.2.1.2 从时间、要素关系、系统驱动三个不同维度构建演化理论框架，丰富了开放经济视角下区域创新生态系统演化的相关理论

基于整个区域创新生态系统演化的过程，构建开放经济视角下区域创新生态系统演化的理论模型，主要从协同演化以及演化动力等维度进行理论模型框架的构建，完善了区域创新生态系统演化的相关理论模型。从演化动力角度对区域创新生态系统四螺旋演化展开了动态研究，丰富了区域创新生态系统演化理论研究体系。

6.2.1.3 构建四螺旋协同演化关系、四轮动力驱动机制，从不同方面拓展了区域创新生态系统四螺旋演化问题的研究思路

首先，拓展三螺旋理论模型，构建包括大学、企业、政府和国外创新组织的四螺旋模型，为区域创新生态系统四螺旋主体网络的构建提供了研究思路。其次，构建四螺旋之间、四螺旋主体与创新环境之间多层次协同演化关系的理论模型，拓展了复杂系统多层次协同关系的研究思路。四螺旋间协同关系，基于耦合协调度构建了包含资金、人才、技术、产品等不同维度四螺旋间的协同关系，体现了区域创新系统的生态性和复杂性。最后，基于系统的开放性及演化的动态性和非线性，运用哈肯模型进行四轮驱动机制模型构建，为今后的动力机制完善提供了新思路，丰富了演化动力相关理论。一是拓展了二元、三元动力驱动机制，加入国际合作动力，建立了四轮驱动机制模型，四轮驱动力包含市场需求拉动、科学技术推动、政府支持以及国际合作动力。为演化动力进一步完善提供了新思路。二是在构建区域创新生态系统的演化动力中，主要源于自组织理论以及四螺旋间的协同关系，运用哈肯模型进行序参量及运动方程的设定，体现了演化的动态性及非线性特征，并从知识技术合作层次构建国际合作动力指标，体现了系统的开放性。

6.2.2 实践启示

6.2.2.1 改进四螺旋协同演化关系

第一，拓展国际合作广度和深度，建立稳固的国际合作关系。

要加强国际合作交流的广度和深度，就要从多层次开展国际合作交流，拓展合作范围。首先是拓展高校层次国际合作，在高校已有国际合作的基础上，拓展合作网络，开展高校间人才的交流，通过人才交流促进合作，切实加强高校间学术交流合作。其次是加强企业层次国际合作。从以上分析可以看出，企业的国际合作处在一个较低水平，在我国促进国际、国内双循环的大背景下，国际合作创新的开展可以从创新链条的终端主体创新企业入手，在制定合作战略时可将本地产品的国际市场纳入考虑中，与相应的国家开展合作，研发的技术能更好地和企业对接，有利于创新产品更好地满足市场需求。最后是政府支持建立产学研合作基地和平台，搭建国际研发实验中心，促进产学研间的合作交流，协调各方关系，建立本区域稳固的国际合作关系。

第二，增强合作质量，促进四螺旋间协同演化关系。

根据以上分析，可以发现四螺旋间的协同演化关系，存在以下几种：一是在初级阶段，也即知识创新阶段直接合作，通过协同演化关系，推进区域创新生态系统的演化，也就是 UIGF 模式；二是可以通过 UF、GF、IF 的两两创新，推进下一阶段的演化；三是 UIF、UGF、IGF 的协同合作关系，来推进演化。四螺旋间的直接协同合作关系，也就是 UIGF 合作数量并不多，因此要从合作的质量入手，减少一些低水平的合作，增加与国际上优势学科的合作，切实提升本区域的技术知识水平，促进企业研发能力的增强，推动区域创新生态系统演化。这个过程离不开政府的政策引导和支持，为合作提供机遇和平台，目前与国际论文合著多是大学和科研院所之间所开展的，应加大企业间的合作交流，同时也应加大企业和大学之间的合作力度。

目前，可以着手建立高校间的合作联盟，发挥当前高校国际合作优势，同时引入企业的参与合作，使得创新知识技术的研发水平得到提升，有利于创新演化向下一个环节推进，转化为企业的生产力。有了创新收益，也可以反过来促进高校合作的积极性，让创新生态系统的演化更具活力。

第三，针对不同地区和学科，因地制宜制定国际合作策略。

按照 Web of Science 学科类别对检索结果进行分析，北京和上海排在第一位的都为材料学，广州为肿瘤学，北京排在第二位的为环境学，上海广州合作学科中细胞生物学居前列，北京排在第十八位。可见，三个地区合作领域有相同之处，同时也具区域特点。

通过数据的分析可以看出，从合作的学科来看，三地侧重略有不同，也有很多共同之处。各地区的资源禀赋、经济状况和产业结构都有所不同，应根据各个区域的地方特色和产业结构特点开展国际合作研究，制定科学合理的国际科技合作学科制度，引导优势学科充分发挥自身优势，对于本地急需发展的学科有所侧重，搭建合作平台，开展跨区域的国际合作。提升各个地区的国际合作水平，凝聚知识创新力量，因势利导，促进本区域内的企业研发新产品，为区域创新生态系统的持续改善提供助力。

6.2.2.2 构建协同演化动力

第一，市场导向的驱动力。

从研究结果来看，创新产品市场导向的驱动力是最大的，在这里创新产品的市场既有国内的市场也有创新产品的出口市场。以市场为导向来指导创新活动，可以极大地提升新产品对市场的适应水平，迅速获得消费者的认可，也可以提高对区域创新资源的整合和利用，实现最佳的创新效率。一方面，要进一步强化企业在创新投融资上的主导。构建以企业为主的创新投融资渠道，确保创新成果与市场需求更加契合。另一方面，建立各创新主体特别是技术科研院所技术研发人员与企业的紧密联系。

第二，科学技术推动力。

从研究结果来看，科学技术推动力落后于市场导向和政府支持，并且阻碍了区域创新生态系统朝着有序的方向演化。区域创新离不开科学技术的助力，但从分析结果来看，科学技术的推动作用并未体现，其原因可能是科技中介缺乏，影响了创新资源的配置效率、主体间协作配合。要发挥好科学技术推动力，一要健全科技中介机构。包括科技咨询及评估、技术转让交易、政策分析、科技风险投资等中介机构。其中，技术转让交易中心的建立有助于提升科技成果转化的效率，实现科技成果转化的成功率。二要建立严格的中介监督和约束机制。当前我国很多地区的中介机构服务能力低下，甚至对市场造成了扰乱。可以通过建立科技中介行业协会，加大行业监管力度。三要理顺科技中介机构的管理体制。区分政府和市场的职能，减少政府对市场的干涉，发挥市场配置资源的作用，以提升区域创新生态系统的创新服务整体水平。

第三，政府支持动力。

从实证分析结果看，政府支持动力对区域创新生态系统演化起到正向推动作用，但这种推动作用并不大，说明政府支持动力在区域创新生态系统演化过程中发挥着积极作用，但并不是非常理想。因此应进一步完善创新政策，提升区域创新能力，改善政策环境，可从两方面着手。一是出台更具竞争力的研究激励政策。在企业激励上，重点是降低科研成本，比如建立研发基金、提供研发补贴或是对科研活动进行税收优惠等，降低企业的研发风险，使企业更愿意在科研上进行投入。在人员激励上，重点是提高创新的私人回报率。二是完善创新人才流动政策。

人才是创新资源中最重要也是最活跃的部分，出台方便创新人才流动的政策，可以确保创新人力资源的合理配置。三是其他支持政策。区域创新是一个系统工程，推动创新政策演化，还需要围绕市场导向，以企业为主完善其他配套政策。比如，创新资质认定政策、研发活动支持政策、知识产权保护政策，为企业、高校、科研院所的创新活动提供最好的环境。

第四，国际合作动力。

从本文的研究结果来看，国际合作动力在区域创新生态系统演化过程中的作用远远不够。一是增加国外引进技术力度，国外研发合作还应根据区域不平衡有所侧重。扩大西部地区国际合作规模，转变观念，鼓励西部地区开展国际技术合作。二是借助一带一路、中国东盟自贸区等平台，建立更多的国际技术合作平台，扩大技术合作。随着"一带一路"建设的深入推进，与这些国家和地区开展技术交流，集聚创新资源，打造规模化创新群落。三是提升国际合作水平。着眼先进技术、前沿技术，开展国际合作。积极走出去、引进来，有选择地开展国际合作，慎重选择国际合作对象，在注重国际合作频次的同时，注重每一次合作的质量。

6.3　局限性及展望

本文的研究视角选取了区域创新生态系统四螺旋演化，包含的内容较广，而每一个内容都有深入挖掘研究的可行性，由于时间及篇幅的局限，目前的研究还有待进一步深入。本文在研究过程中对理论构建和实证方法都进行了新的尝试，可供参考的文献相对较少，在研究中也存在着不足。存在的主要局限性及未来的研究思路如下：

第一，在运用熵权法测算中，主要选取了《中国科技统计年鉴》《中国火炬统计年鉴》《中国统计年鉴》可获取的数据进行分析，因此一些无法用宏观数据观测的指标有待加入。如政府参与区域创新生态系统演化过程中，无法量化的指标也可以考虑采取调查问卷等方式进行衡量。

第二，在对演化动力的分析中，利用哈肯模型进行动力序参量的判定，但因时间及篇幅限制，未能将演化动力分阶段进行深入分析，未来可将演化阶段与演化动力结合起来进行量化的分析，让演化动力的分析更加完善。

参考文献

[1] 中华人民共和国中央人民政府.述评：中国扩大开放提振世界经济信心[EB/OL].[2020-05-26].https://www.gov.cn/xinwen/2020-05/26/content_5515166.htm.

[2] 中华人民共和国中央人民政府.让"中国制造+互联网"为"中国制造2025"插上羽翼[EB/OL].[2016-01-28].https://www.gov.cn/zhengce/2016-01/28/content_5036901.htm.

[3] 中华人民共和国中央人民政府.中共中央关于制定国民经济和社会发展第十四个五年规划和二〇三五年远景目标的建议[EB/OL].[2020-11-03].https://www.gov.cn/zhengce/2020-11/03/content_5556991.htm.

[4] 习近平.在企业家座谈会上的讲话[2020-7-21].[EB/OL] http://www.xinhuanet.com/politics/leaders/2020-07/21/c_1126267575.htm.

[5] 中华人民共和国中央人民政府.习近平在亚太经合组织第二十三次领导人非正式会议上的讲话（全文）[EB/OL].[2015-11-19].https://www.gov.cn/xinwen/2015-11/19/content_5014518.htm.

[6] Chesbrough H . Managing Open Innovation[J]. Research Technology Management, 2004, 47(1):23-26.

[7] Harika, Narumanchi, Dishant, 等 . 天津市坚持产业链、创新链"双链融合"打造"三位一体"大智能创新体系让人工智能七条产业链"有机串链"[C]// 2018 IEEE International Conference on Smart Cloud. 0.

[8] Leseigneur C , Verburgt L , Nicolson S W . Whitebellied sunbirds (Nectarinia talatala, Nectariniidae) do not prefer artificial nectar containing amino acids[J]. Journal of Comparative Physiology B, 2007, 177(6):679-685.

[9] Maskell P , Bathelt H , Malmberg A . Building Global Knowledge Pipelines: The Role of Temporary Clusters[J]. European Planning Studies, 2006, 14(8):997-1013.

[10] Boschma R A, Kloosterman R C. Social Capital and Regional Development: An Empirical Analysis of the Third Italy[J]. Springer Netherlands, 2005, 10.1007/1-4020-3679-5(Chapter 7):139-168.

[11] Amin A, Wilkinson F. Learning, Proximity and Industrial Performance: An Introduction[J]. Cambridge Journal of Economics, 1999, 23.

[12] Gilly J P. On the Analytical Dimension of Proximity Dynamics[J]. Regional Studies, 2000.

[13] Boschma R A, Weterings A. The effect of regional differences on the performance of software firms in the Netherlands[J]. Papers in Evolutionary Economic Geography, 2005, 5(5):567-588.

[14] Balland P A, Boschma R, Frenken K. Proximity and Innovation: From Statics to Dynamics[J]. Regional Studies, 2015, 49(6):907-920

[15] Bathelt, Harald, Malmberg, et al. Clusters and knowledge[J]. 2003.

[16] Menzel M P. Zuflle und Agglomerationseffekte bei der Clusterentstehung[J]. Zeitschrift Für Wirtschaftsgeographie, 2008, 52(1):114-128.

[17] M Bertoncin, A Pase. Il territorio non è un asino. Voci di attori deboli. 2006.

[18] Beaudry C. Évolution du Travail et de l'Emploi dans la Nouvelle Économie: Le Cas des Travailleurs du Savoir[J]. Asac, 2009.

[19] McCann P, Acs Z J, Schiller F, et al. Impressum: 2009.oai:CiteSeerX. psu:10.1.1.336.6913

[20] Fatta-Kassinos D, Meric S, Nikolaou A. Pharmaceutical Residues in Environmental Waters and Wastewater: Current State of Knowledge and Future Research[J]. Analytical and Bioanalytical Chemistry, 2010, 399(1):251-275.

[21] R Ortega-Argilés, Mccann P. Smart specialisation in European regions: issues of strategy, institutions and implementation[J]. European Journal of Innovation Management, 2015, 17(4):409.

[22] Corpataux J, Crevoisier O. Has the Financial Economy Increased Regional Disparities in Switzerland over the Last Three Decades?[M]. Springer Berlin Heidelberg, 2005.

[23] Henry Etzkowitz, Loet Leydesdorff. Introduction to special issue on science policy dimensions of the Triple Helix of university-industry-government relations[J]. Science and Public Policy, 1997,24(1): 2-5.

[24] S Leppälä. Innovation, R&D Spillovers, and the Variety and Concentration of the Local Industry Structure[J]. The Scandinavian Journal of Economics, 2019.

[25] Isaksen A, Tri ppl M. Innovation policies for regional structural change: Combining actor-based and system-based strategies[J]. Arne Isaksen, 2018:págs. 221-238.

[26] Mccann P, Acs Z J, Schiller F, et al. Impressum: 2009.

[27] Asheim B T, Cooke R. Constructing Regional Advantage: Platform Policies Based on Related Variety and Differentiated Knowledge Bases[J]. Regional Studies, 2011.

[28] Maskell, Peter, Bathelt, et al. Temporary Clusters and Knowledge Creation[J]. 2004.

[29] Roesler C, Broekel T. The role of universities in a network of subsidized R&D collaboration: The case of the biotechnology-industry in Germany[J]. Review of Regional Research: Jahrbuch für Regionalwissenschaft, 2017, 37(8):1-26.

[30] And F V, Bathelt H. Performance Parameters of Explosives: Equilibrium and Non-Equilibrium Reactions[J]. Propellants, Explosives, Pyrotechnics, 2002.

[31] Asheim B T, Coenen L. Knowledge bases and regional innovation systems: Comparing Nordic clusters[J]. Research Policy, 2005, 34(8):1173-1190.

[32] Cooke P. Biotechnology Clusters as Regional, Sectoral Innovation Systems[J]. International Regional Science Review, 2002, 25(1):8-8.

[33] Chesbrough H W. Open Innovation: The New Imperative for Creating and Profiting from Technology by Henry Chesbrough[J]. Academy of Management Perspectives, 2006, 20(2):86-88.

[34] Vinit, Parida, Mats, et al. Inbound Open Innovation Activities in High-Tech SMEs: The Impact on Innovation Performance[J]. Journal of Small Business Management, 2012, 50(2):283-309.Hassan S M, Marzouk S A M, Mohamed

A K , et al. Novel Dicyanoargentate Polymeric Membrane Sensors for Selective Determination of Cyanide Ions[J]. Electroanalysis, 2004, 16(4):298-303.

[35] MD Giudice, Peruta M, Carayannis E G. Social Media and Emerging Economies[M]. Springer International Publishing, 2014.

[36] D'Ambrosio A, Gabriele R, Schiavone F, et al. The role of openness in explaining innovation performance in a regional context[J]. Journal of Technology Transfer, 2017, 42(2):1-20.

[37] Zhu W J, LU Ruo-Yu . Evolution Mechanism of Innovation Model Based on the Viewpoint of Participation[J]. Science Technology and Industry, 2013.

[38] Maggioni V, Giudice M D , et al. Managerial practices and operative directions of knowledge management within inter-firm networks: a global view[J]. Journal of Knowledge Management, 2014, 18(5):841-846.

[39] LSD Oliveira, MES Echeveste, MN Cortimiglia. Processo de Implementação da Open Innovation: Proposta para Empresas de Sistemas Regionais de Inovação. 2017.

[40] Lombardi R, Dumay J. Guest editorial : Exploring corporate disclosure and reporting of intellectual capital (IC) : emerging innovations. 2017.

[41] Spais G S. An Integrated Bargaining Solution Analysis For Vertical Cooperative Sales Promotion Campaigns Based On The Win-Win-Win Papakonstantinidis Model[J]. Journal of Applied Business Research, 2012, 28(3):359-383.

[42] Lindomar Subtil Oliveira, Márcia E.Soares Echeveste, Marcelo Nogueira Cortimiglia, Aline C.Gularte. Open Innovation in Regional Innovation Systems:Assessment of Critical Success Factors for Implementation in SMEs[J]. Journal of the Knowledge Economy, 2019,10(4):1597-1619.

[43] Cruz-Cazares C, Bayona-Saez C, Garcia-Marco T . You can't manage right what you can't measure well: Technological innovation efficiency[J]. Research Policy, 2013, 42(6-7):1239-1250.

[44] D'Ambrosio A, Gabriele R, Schiavone F, et al. The role of openness in explaining innovation performance in a regional context[J]. Journal of Technology Transfer, 2017, 42(2):1-20.

[45] James L, Vissers G, Larsson A, et al. Territorial Knowledge Dynamics and Knowledge Anchoring through Localized Networks: The Automotive Sector in Västra Götaland[J]. Regional Studies, 2016.[1] James L, Vissers G, Larsson A, et al. Territorial Knowledge Dynamics and Knowledge Anchoring through Localized Networks: The Automotive Sector in Västra Götaland[J]. Regional Studies, 2016.

[46] Huang H X, SU Jing-Qin, Zhang B Q. Open Innovation Logic Evolution Mechanism of SMEs:A Case Study Based on Multivariate Institutional Context[J]. Journal of Management Case Studies, 2017.

[47] Schwerdtner, Wim, Siebert, et al. Sustainability, Vol. 7, Pages 2301-2321: Regional Open Innovation Roadmapping: A New Framework for Innovation-Based Regional Development. 2015.

[48] Chin K.,Gold A.,Walton C. M.Texas Technology Task Force: Expanding Texas's Innovation Roadmap.[R].,2017

[49] Yang Nan.Studies on the characteristic elements of organizational innovation and innovation path: Cognitive and learning perspectives[C].International Conference on Management Science & Engineering .2013

[50] Henry E , Loet L . Introduction to special issue on science policy dimensions of the Triple Helix of university-industry-government relations[M]. 1997.

[51] Edquist C. Systems of Innovation: Technologies, Institutions and Organizations[M]. 1997.

[52] Henry, Etzkowitz, and, et al. The dynamics of innovation: from National Systems and "Mode 2" to a Triple Helix of university–industry–government relations[J]. Research Policy, 2000.

[53] Nakwa K, Zawdie G. The role of innovation intermediaries in promoting the triple helix system in MNC-dominated industries in Thailand: the case of hard disk drive and automotive sectors[J]. International Journal of Technology Management & Sustainable Development, 2012, 11(3):265-283.

[54] Ulrich, Lichtenthaler. Open Innovation: Past Research Current Debates, and Future Directions[J]. Academy of Management Perspectives, 2011.

[55] Etzkowitz H, Ranga M. Etzkowitz, H. and M. Ranga (2010), The Road to Recovery: Investing in Innovation for Knowledge-Based Growth'. In: P. Ahrweiler (ed.), Innovation in complex social systems. London: Routledge[M]. 2010.

[56] 柴振荣. 科学—生产—政府关系的三重螺旋模型 [J]. 管理科学文摘, 1998, 05:3-3.

[57] 王成军, 王肖肖, 付祥云. 基于 CiteSpace 的三重螺旋研究热点分析与趋势展望 [J]. 演化与创新经济学评论, 2018, 000(002):P.46-58.

[58] Elias Carayannis，David Campbell.Open Innovation Diplomacy and a 21st Century Fractal Research,Education and Innovation(FREIE)Ecosystem:Building on the Quadruple and Quintuple Helix Innovation Concepts and the "Mode 3" Knowledge[J]. Journal of the Knowledge Economy,2011，2(3)：327-372.

[59] Hsu C C, Park J Y, Lew Y K. Resilience and risks of cross-border mergers and acquisitions[J]. Multinational Business Review, 2019.

[60] Leydesdorff L, Sun Y. National and international dimensions of the Triple Helix in Japan: University–industry–government versus international coauthorship relations[J]. Journal of the American Society for Information Science and Technology, 2009.

[61] Kwon K S, Han W P, So M, et al. Has globalization strengthened South Korea's national research system? National and international dynamics of the Triple Helix of scientific co-authorship relationships in South Korea[J]. Scientometrics, 2012, 90(1):163-176.

[62] 邹晓东. 研究型大学学科组织创新研究 [D]. 浙江大学, 2003.

[63] 代冬芳. 基于我国省际动态面板数据的开放经济对区域创新能力影响实证研究 [J]. 唐山学院学报, 2021,34(03):53-61.

[64] XIONG J, ZHANG W W. Analysis on FDI agglomeration, technical innovation and regional income growth of China[J]. Advanced Materials Research, 2014, 1073-1076: 1468-1471.

[65] ROMER P M. Endogenous technological change[J]. Journal of Political Economy, 1990, 98(5): 71-102.

[66] ZHANG J Q. An impact analysis of FDI and import trade to China's regional technology innovation capability[C]//IEEE. International Conference on Information Management, Innovation Management and Industrial Engineering, 2010: 366 - 369.

[67] 吕海萍. 创新要素空间流动及其对区域创新绩效的影响研究 [D]. 杭州：浙江工业大学, 2020.

[68] HOLLAND J H. 自然与人工系统中的适应：理论分析及其在生物控制和人工智能中的应用 [M]. 张江, 译. 北京：高等教育出版社, 2008:7-15.

[69] 金潇明. 产业集群合作创新的螺旋型知识共享模式研究 [D]. 中南大学, 2010.

[70] 代冬芳. 区域创新生态系统四螺旋耦合协调关系时空演化分析 [J]. 唐山学院学报, 2022（6）

[71] Krger, Bernd. Hermann Haken: From the Laser to Synergetics ‖ Theories of Self-organization: The Role of Synergetics[J]. 2015, 10.1007/978-3-319-11689-1(Chapter 9):211-227.

[72] 何郁冰. 产学研协同演化的理论模式 [J]. 科学学研究, 2012, 30(2):165-174.

[73] Fagerberg J. A technology gap approach to why growth rates differ [J]. Output Measurement in ence and Technology, 1987:33-45.

[74] Coenen L, Moodysson J, Ryan C , et al. Knowledge Bases and Spatial Patterns of Collaboration: Comparing the Pharma and Agro-Food Bioregions Scania and Saskatoon[J]. Papers in Innovation Studies, 2005.

[75] Dutrénit, Gabriela, Arza V. Channels and benefits of interactions between public research organisations and industry: comparing four Latin American countries[J]. 2010, 37(7):541-553

[76] 崔海英, 代冬芳. 基于熵权法的河北省制造业先进性评价及发展策略分析 [J]. 唐山学院学报, 2021, 34(06):70-76.

[77] 赫尔曼·哈肯. 协同学：大自然构成的奥秘 [M]. 上海译文出版社, 2005.

[78] 普利高津. 从混沌到有序：人与自然的新对话 [M]. 上海译文出版社, 2005.

[79] 刘莹. 基于哈肯模型的我国区域经济协同发展驱动机制研究 [D]. 湖南大学, 2014.

[80] Hsiao C. Analysis of Panel Data: Incomplete Panel Data[J]. 2003, 10.1017/CBO9780511754203(Chapter 9):268-290.

[81] 代冬芳, 俞会新. 基于哈肯模型区域创新生态系统演化动力实证分析[J]. 工业技术经济, 2021, 40(06):36-42.